国家重点研究与发展计划"云计算与大数据"
专项课题（2018YFB1005100）

自然语言结构计算
BCC语料库

荀恩东◎著

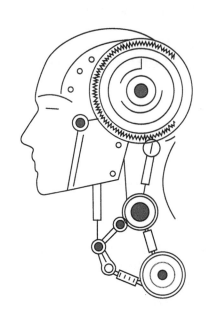

人民邮电出版社

北 京

图书在版编目（CIP）数据

自然语言结构计算. BCC语料库 / 荀恩东著. -- 北京 : 人民邮电出版社, 2023.1
ISBN 978-7-115-59855-4

Ⅰ. ①自… Ⅱ. ①荀… Ⅲ. ①自然语言处理 Ⅳ. ①TP391

中国版本图书馆CIP数据核字（2022）第148068号

内 容 提 要

随着计算机技术的发展，语料库在语言本体研究、语言教学和自然语言处理研究和应用中发挥着越来越重要的作用，同时，最新的人工智能、大数据等技术大大助力了语料库的建设和应用。近年来，汉语语料库的建设在国内外都有较大的发展，其中，北京语言大学语料库中心（Beijing Language and Culture University Corpus Center，BCC）语料库得到广泛使用，对自然语言的研究和应用也发挥了重要作用。本书详细介绍了 BCC 语料库的内容、建设过程、检索功能、查询语言、编程语言及如何使用自定义 BCC 语料库，希望 BCC 语料库能被更多的人更好地理解，为语言本体与教学研究提供更好的服务。

本书既可以作为计算语言学与语言学本体研究的教材，也可以作为高等院校人工智能相关的专业师生的参考书，同时也适合对语料库建设与使用感兴趣的相关人员阅读。

◆ 著　　　　荀恩东
　　责任编辑　刘亚珍
　　责任印制　马振武
◆ 人民邮电出版社出版发行　北京市丰台区成寿寺路 11 号
　　邮编　100164　电子邮件　315@ptpress.com.cn
　　网址　https://www.ptpress.com.cn
　　固安县铭成印刷有限公司印刷
◆ 开本：700×1000　1/16
　　印张：17.5　　　　　　　　　　2023 年 1 月第 1 版
　　字数：286 千字　　　　　　　　2023 年 1 月河北第 1 次印刷

定价：88.00 元

读者服务热线：(010)81055493　印装质量热线：(010)81055316
反盗版热线：(010)81055315
广告经营许可证：京东市监广登字 20170147 号

一个具有认知智能的计算系统，知识是核心。知识一般包括表示知识、获取知识和应用知识 3 个方面。自然语言是人类认知的工具，自然语言处理是典型的认知智能，其主要任务也是解决有关知识的 3 个方面的问题。

自然语言是符号系统，一个词、一句话和一个段落的表达，不管长短，都是符号的序列。自然语言处理的核心是语义理解，即理解符号后面所表达的意义。

如何表示语义知识、如何获取支持语义分析的知识、如何设计和实现应用语义知识的算法或策略，这些都是自然语言处理中重要的问题。

其中，语义知识包括语义分析结果的知识表示和过程中运用到的知识表示。目前，深度学习方法是自然语言处理的主流方法，采用的是数据驱动、端到端解决问题。语义分析结果中的知识表示直接关联到任务的目标。语义分析过程中的知识表示蕴含在神经网络中，并通过网络参数计算来实现隐式知识的运用。

当前，预训练大模型成为自然语言处理研究的热点，从语言大数据中训练得到的语言模型，其性能达到之前的方法难以企及的精度，学术界和产业界正在深入挖掘预训练大模型潜能，寻找通用的方法，解决自然语言处理中的各种问题。

深度学习方法取得巨大成功，同时也遇到较多问题。这些问题主要包括可解释性、可控性数据标注和算法代价等。这些问题得到学术界的普遍关注和讨论，可以设想，在预训练大模型红利挖掘到极致以后，这些问题必然成为新的研究热点。

荀恩东教授撰写的《自然语言结构计算——GPF 结构分析框架》《自然语

言结构计算——BCC 语料库》《自然语言结构计算——意合图理论和技术》3 本图书，涉及自然语言处理有关语义知识的 3 个方面。这 3 本图书的核心内容包括意合图作为语义分析结果的一般表征；北京语言大学语料库中心（Beijing Language and Culture University Corpus Center，BCC）语料库系统，从语言大数据中挖掘语言知识；利用基于网格的自然语言分析框架（Grid based Parsing Framework，GPF）进行语义计算。

其中，意合图中包括事件结构、情态结构和实体间的关系结构，意合图也把各个层级的语言处理对象，包括词、短语、句子和篇章等做了一致性表示，意合图理论把语义表示，尤其针对汉语的语义表示推向一个新的高度。

BCC 语料库及技术支持从语言大数据中检索和挖掘知识，具有较为突出的特色和专长。它可以非常高效地从海量的、带有层次结构信息的大数据中挖掘语言知识，BCC 语料库的查询表达式形式简约、功能强大。荀恩东教授在过去近 10 年的时间里，把 BCC 语料库默默地开放，供学术界免费使用，如今，它已经成为语言学领域的相关学者首选的在线语料库。

GPF 在系统地论述语言结构和分析方法的基础上，创造性地提出了基于知识的语言结构分析方法，把语言结构分析泛化表示为图的计算，把图的顶点和边泛化表示为语言单元和关系。采用网格结构把语言单元和关系内含其中，这种方式既简单又直接，为语言分析、知识计算提供了新的工具和思路。GPF 的泛化可编程计算框架具有较好的包容性，它可以融合深度学习的参数计算和基于符号的知识计算，这样的处理方法为自然语言处理研究和应用提供了新的研究思路和编程框架。

我和荀恩东教授曾经是哈尔滨工业大学（以下简称哈工大）的同学、微软亚洲研究院的同事，又长期在同一个研究领域工作，至今相识相交了 20 余年。哈工大是工程师的摇篮，在与他一起工作的多年中，我一直认为他是科研领域工匠精神的代表，他对编写程序的痴迷、软件开发的超强功力，在我身边的朋友中无出其右。目前，他已 50 多岁，仍然坚持写代码，在中国现有大学计算机相关的学院中，是非常罕见的！尤其他还是学校的教授、院长，平时要承担繁重的教学、科研任务，担负重要的行政职责，他的职业精神，更是难得。

近年来，我对荀恩东教授有了全新的认识，可能是环境的浸润，在北京语言大学浓厚的文化氛围的影响下，他从学理上对语言的奥秘产生了浓厚的兴趣，并持之以恒深入探究。也可能是随着年龄的增长，他的内心变得愈发沉静、洒脱，能够在日常事务之余静下心来，系统地总结、梳理面向自然语言处理的语言知识结构，多年来的心血凝结为沉甸甸的 3 本图书。同时，他深厚的计算机工程底蕴决定了他写的图书是文科与工科交叉的，是从自然语言处理工程实践中总结提炼的问题和方法，这是有别于一般语言学家的著作的。另外，他在 3 本图书中体现出来的创新精神，也令我赞叹，面对中国的语言文字，他的图书体现了中国学者的气派和自信。

总之，我认识的荀恩东，从一名工程师成为一名文科与工科交叉的学者，我衷心地祝愿他写的 3 本图书中所贡献的学术思想和专业知识能够给自然语言处理领域的学者、工程师带来启发。

荀恩东教授出版 3 本关于计算语言学图书的事情，让我联想到哈工大计算机专业有一位老校友鲁川先生。他 1961 年毕业，是中国中文信息学会计算语言学专委会首任主任，他出版了专著《汉语语法的意合网络》，该书被语言学家胡明扬认为是计算机专家写的第一部现代汉语语言研究方面的著作。哈工大计算机人求真务实，尊重自己对学术的兴趣，勇于突破"文工"的学科边界，这种精神、这种做法，值得赞赏、值得传承。

哈尔滨工业大学教授

刘挺

2022 年 6 月 13 日

1994 年，在本科毕业 4 年后，我重回哈尔滨工业大学（哈工大）读研，从本科的工程力学专业转为计算机科学与工程专业，进入自然语言处理领域。人生总有些事不那么符合逻辑，但它真实地发生了。不擅长说、不擅长写、语言能力较弱的我，职业生涯却与语言结下不解之缘。

2003 年，我博士毕业 4 年后，做了距离语言更近的选择，进入北京语言大学当老师。我当时的想法是，利用自己在语言、语音领域的专业技能和经验，投身语言教育技术的研究和开发。之后的 10 多年，我主持研发出多种语言辅助学习软件，帮助留学生学习汉语，包括语音评判、汉字书写、作文评判、卡片汉语等。

从 2007 年开始，我断断续续开发了多个语料库系统，这些语料库包括动态作文语料库检索系统和 BCC 语料库系统。目前，这两个语料库系统不间断地为用户免费提供了 15 年的在线服务。BCC 语料库系统已经成为语言学研究必不可少的语料库工具之一。

从 2014 年开始，我在教育技术方面没有再进行新的尝试，重新回到自然语言处理的研究方向，重点研究汉语的句法语义分析。直到 2020 年年底，我受学校征召开始研发国际中文智慧教学平台。

2015 年，我申请到了一项国家社科基金重点项目，题目为汉语语块研究及知识库建设。2015 年，北京语言大学成立了语言资源高精尖创新中心，在该中心经费的支持下，设立了"句法语义分析及其应用开发"的课题，我研究和开发的兴趣从教育技术彻底转到了句法语义分析。当时的基本想法是，深挖语言学中可以借用的理论和方法，结合大数据和深度学习方法，在汉语句法分析阶段淡化词的边界，探讨生成以语块为单位的句法结构；同时，借助句法分析结构和大规模语言知识资源，打通句法到语义的通道，完成深度语义分析的目标；试图在不进行语义标注的前提下，研发具有一般性的语义分析框架。在领域应用时，借助领域知识，通过符号计算，完成语义分析的应用落地。

我坚持当时的初衷，一路走到现在。"自然语言结构计算"系列图书阶段性地总结了这些年来的工作，其目的有 3 个：一是为自己，梳理已有的工作，出版图书作为我们团队的工作手册，以此为起点，再启航、再前行；二是为同行，分享这些年来我的工作成果，请同行或批判、或借鉴；三是为学生，这一系列图书作为新开设的"自然语言结构计算"课程的参考书，助力学校培养具有语言学素养的自然语言处理人才。

其中，《自然语言结构计算——GPF 结构分析框架》介绍了一种以符号计算为总控的可编程框架。该框架在总结汉语句法语义分析工作的基础上，抽象出支持一般性语言结构计算的方法。该框架具有通用性和开放性的特点，可用于分析自然语言的语法结构、语义结构和语用结构，而不是仅仅服务于意合图的生成。

《自然语言结构计算——意合图理论和技术》介绍了意合图这一语义表示体系、生成意合图的中间句法结构——组块依存结构，以及如何利用《自然语言结构计算——GPF 结构分析框架》中的计算框架生成意合图。

《自然语言结构计算——BCC 语料库》介绍了 BCC 相关的工作，即如何从语言大数据中进行语言结构检索和知识挖掘，重点解析了 BCC 语料库检索技术、BCC 在线语料库服务，以及如何利用 BCC 语料库进行语言知识获取等。

这些年，我在学校外面做学术交流，当别人知道我是来自北京语言大学的老师，他们会惯性地认为我是做语言学研究的学者，但是实际情况并非如此。我在北京语言大学工作的 20 多年，虽然没有做语言学本体相关的研究工作，但深受语言学的影响和启发。

在北京语言大学，一个语言学家聚集的地方，经常有机会接触到不同方向的语言学学者。在学校，几乎每周都有语言学相关的报告、讲座。在不断的熏陶之下，我开始深入学习语言学研究的各个方向，并思考能否借鉴语言学的观点和方法来解决自然语言处理的问题，尝试做好语言学和计算机深入结合的工作。

在北京语言大学做讲座、做报告，我经常遇到学生提问这样一个问题：语言学能否助力自然语言处理？我每次给学生的答案都是肯定的、毫不犹豫的，语言学是一定可以助力自然语言处理的。但是，语言学怎样助力自然语言处理？学术界一直在探索合适的方法和路径。从之前的统计与规则结合，到现在的深度学习与知识结合，尤其是当统计或深度学习遇到瓶颈的时候，这一直是热门话题。实际上，目前，自然语言处理并没有从博大精深的语言学中获得足够的科学理论和方法的支持。

语言学是道，自然语言处理是术。道术不可分，从事两个领域研究的学者关注点不同。少量的学者跨越两边，何其幸运，我算是其中之一。在北京语言大学工作久了，外面的人都把我当作研究语言学的学者。这些年，人工智能（Artificial Intelligence，AI）、深度学习受到追捧，自然语言处理（Natural Language Processing，NLP）也随着深度学习算法不断优化，NLP 吞入的数据量越来越大，发展速度越来越快，进入 NLP 这个领域的学者和开发人员也越来越多，但是语言学的声音却越来越少。我作为一个地道的工科男，身在北京语言大学，脱离"主流"，专心研究知识和符号计算，探索汉语语义的分析技术和方法，有失有得。我"得"的是可以沉下心，坚持做一件事。

句法分析是在形式上研究语言的语法结构。不同语言学观点有不同的语法结构理论，哪种结构好，哪种结构不好，如果脱离句法分析的目标，那么将是没有意义的辩论。相比句法分析，语义分析是在内容或意义层面的研究。那么语义又是什么样子的呢？也就是说，怎样表示语义，这是首先要回答的问题。语义分析的目标在于解决应用场景问题，在这个目标的引导下，探索应用场景中投入产出比最大的语义分析方法。

总结下来，这些年我努力的方向包括挖掘语言学助力自然语言理解的理论和方法；在深度学习最新进展的基础上，引入知识，让知识发挥主导作用；研发一个通用的符号计算框架，该框架既可以作为团队的研究平台，又期望它能够解决更多应用场景的问题。

我研究这一领域的工作是从语义表示开始的。在自然语言实际应用场景中，无外乎考察两类对象：一类是实体类型的对象；另一类是事件类型的对象。其中，实体类型的对象内部涉及组成、属性，外部涉及实体充当的功能、实体间的关系；事件类型的对象涉及发生的时空信息、关联的实体对象、情感倾向、事件间的关系等。我提出采用意合图来表示这些内容，意合图是一种单根有向无环图。在意合图中，以事件为中心，实体的性质主要通过在事件中充当的角色来体现。

生成意合图，我们采用了中间结构策略，即借助语法结构生成语义结构。具体来说，采用组块依存结构作为中间结构，建立句法语义接口，为语义分析提供结构信息。组块作为语言句法阶段的语言单元，既符合语言认知规律，也呈现了语言的浅层结构，突出了述谓结构在语言结构中的支配作用，便于从句法结构到语义结构的转化。

我们采取基于数据驱动的方式生成组块依存图。为了构建训练语料，2018年，我们启动了建设组块依存图库工作，这项工作一直持续到现在。我们主要选取了新闻、专利文本、百科知识等领域的语料，且在语料中保留了篇章结构信息，并采取人机结合方法进行语料标注；采取了增量式策略，即采取了先粗后细、先简后繁，先易后难的策略。到目前为止，标注经历了 3 个阶段，标注规范每次都会做相应的迭代。这样的好处是随着工作的推进，我们对意合图的理解不断加深，在调整组块依存图时，不至于产生较大的问题，组块依存可以更方便地为生成意合图提供句法结构支持。

语义分析需要语言知识，获取知识是非常重要的工作，研发目标不仅可以从语法大数据中获取句法知识，同时也可以获取语义知识，利用 BCC 语料库工具，从组块依存结构大数据中获取这些知识。为了得到组块依存大数据，我们采用了深度学习方法，在人工标注的多领域组块依存数据上训练组块依存分析模型，然后利用该模型对 1TB 的数据进行组块依存结构分析，形成带有结构信息的组块依存结构大数据，将其作为知识抽取的数据源。BCC 语料库工具支持脚本编程，为了方便使用，我们定义了一套适合知识挖掘和检索的语料库查询表达式，用一行查询表达式可以表示复杂检索需求。BCC 语料库工具和组块依存结构大数据发挥了很大的作用，多位研究生和博士生利用这一工具和数据完成了毕业论文，同时他们在完成毕业论文的过程中也为意合图的研发贡献了数据。

GPF 框架是我历时 8 年不断打磨的成果。我最初的目标是开发一个符号计算系统，用来生成意合图。这个符号计算系统可以利用语言知识，实现从组块依存结构到意合结构的转换，实现句法语义的连接。在工作中，我越来越感受到这个符号计算系统本质上就是在做语言结构的计算，只不过这里的结构不仅是语言的语法结构，也可以是语义结构，还可以是语用结构，即语义分析落地应用生成的应用任务的结构，例如，文本结构化目标等。

在计算和应用意义上，语言结构概念的一般化，用来描述自然语言在语法、语义和语用三个平面各类层级的语言处理对象，语言对象可大可小，小到词的结构，大到篇章的结构。在结构计算时，不失一般性，语言对象采用图结构，聚焦在语言单元、关系及属性上。这里的属性可以是单元的属性，也可以是关系的属性。语言对象采用了网格结构作为计算结构，用来封装语言单元、关系和属性，采用脚本编程，支持结构计算全过程。我将该语言结构计算框架称为 GPF。

综上所述，我把过去多年的语义分析工作总结为 3 本图书，即 3 本以"自然语言结构计算"为核心的图书，这 3 本图书之间互有关联，又自成体系。语义分析没有终点，作为阶段性工作总结，这 3 本图书有一些不成熟、不完善的内容，我们会继续努力，不断推进工作，有了新成果就会持续修订相关内容。

最后，这 3 本图书是我们团队工作的成果，包含每位实验室同学的贡献，尤其是在写书的过程中，多位同学持续努力、不畏艰辛，付出很多。其中，王贵荣、肖叶、邵田和李梦 4 位博士生为了写书，大家一起工作半年多。另外，王雨、张可芯、翟世权、田思雨以及其他在读或已经毕业的我的学生们也为书稿贡献很多，在此致以真诚的感谢。

苟恩东

2022 年 10 月 18 日

　　计算机分析自然语言可以得到各种形态的分析结构。例如，分析结构可以是带有属性信息的分词序列、带有句法成分信息的句法树、体现不同语言单元之间句法关系的依存图。这些分析结构承载了语言的语法信息。在不同的分析场景下，这些分析结构也可以承载语义或语用的内容。

　　深度学习大大推动了自然语言处理的发展，利用"训练＋精调""预训练＋提示"或"预训练＋精调＋提示"，自然语言处理的各项任务取得了很好的效果。在句法分析方面，通过人工标注，构建汉语分词、句法树或依存图等语料，利用这些标注语料库作为"精调"或者"提示"的训练数据，构建深度学习模型，再利用模型对大数据进行自动分析，形成带有结构信息的大数据。大数据蕴含了语言结构统计信息和上下文信息，可用于语言本体研究、辞书编纂、语言教学和语言信息处理等多个领域或场景。语言学本体研究需要实证数据，以便对语言进行共时和历时研究；语言教学需要从鲜活、真实的语言素材中选取例句、例文作为教学用例，以便让语言学习者更好地理解语言的用法；语言信息处理从大数据中挖掘知识，提高研究和应用的性能。

　　如果要利用带有结构信息的大数据，则需要检索、统计或知识挖掘工具，借助工具对语言结构语料库进行检索和知识抽取。基于此，我们团队研发了 BCC 语料库检索工具。目前，BCC 语料库主要有两个应用场景：一是 BCC 语料库在线服务，该语料库免费开放给广大的语言研究者使用；二是把 BCC 语料库作为语言知识挖掘的工具，在研究意合图生成时，贡献语言知识，服务于语言的句法语义分析。上述两个场景的目标不一样，数据规模和数据结构形态也不一样，服务知识挖掘的数据量越大，数据中蕴含的信息越丰富。

本书的主要内容包括两个部分：一是介绍了在线 BCC 语料库的数据内容、检索功能，目的是让语言本体研究者更好地书写 BCC 语料库检索表达式，利用 BCC 语料库功能完成检索任务，抽取研究所需的例句；二是介绍了服务于知识获取的 BCC 语料库，主要介绍其可编程的检索语言，以及如何通过脚本编程从语料库中挖掘知识，服务语言应用开发。

本书共有 8 章。其中，第 1 章是绪论，主要介绍了语料库的定义、类型，简单介绍了语料库建设相关的通用技术及语料库的一般服务对象和应用场景，并简单说明了 BCC 语料库及其特点。

第 2 章是 BCC 语料库的建设，首先，介绍了语料库建设的一般流程和内容；然后，较为详细地介绍了 BCC 语料库建设的主要内容，包括 BCC 语料库的数据概况，BCC 语料库数据加工、语料库检索、语料库服务，以及语料库建设过程中涉及的技术和 BCC 语料库建设中使用的技术。

第 3 章是 BCC 语料库交互式查询语言，主要介绍了 BCC 语料库交互式查询语言的设计内容、语法规则及能够支持的检索功能。

第 4 章是 BCC 语料库交互式查询语言应用，以 BCC 语料库在线网站为依托，列举了大量 BCC 语料库交互式查询语言的使用实例。该查询语言主要用于书写 BCC 语料库的检索表达式，服务于 BCC 语料库的交互检索等。

第 5 章是 BCC 语料库脚本式编程语言，主要介绍了 BCC 语料库脚本式编程语言的设计原则、主要内容、语法规则及能够支持的检索功能。BCC 语料库脚本式编程语言是针对结构语料的复杂查询需求设计的，一般通过脚本编程实现检索。

第 6 章是 BCC 语料库脚本式编程语言应用，从应用的角度出发，列举了大量 BCC 语料库脚本式编程语言的使用实例。

第 7 章是个性化语料库的构建，用户可以借助 BCC 语料库工具，在自定义语料上构建个人语料库，从语料处理开始，详细介绍了数据准备、语料库构建与语料库使用的具体过程。

第 8 章是 BCC 语料库在线网站，主要介绍了 BCC 语料库在线网站的主要功能，并给出了部分使用示例。

开发一个语言结构大数据的语料库系统主要包括数据准备和检索工具研发两个部分。其中，检索工具研发主要包括设计检索方式和实现检索算法两个方面。从语料库使用者角度来看，检索方式既要功能强大，可以完成检索目标，同时，又要足够简洁，易于学习，便于掌握。很多时候，这两个需求是互相矛盾的，需要根据实际应用场景进行取舍。

在 BCC 语料库检索工具中，我们设计了两种检索方式：一种是检索表达式，其特点是结构简约、好记好用，可以完成各种结构的检索，包括字串检索、属性检索、离合检索、构式检索、典型句型的检索等；另一种是可编程的脚本语言，其特点是功能强大，但学习成本较高。在这一编程语言中，我们设计了语料库检索专用的应用程序接口（Application Programming Interface，API）函数，可以通过编程利用 API 函数实现复杂场景的数据挖掘。

BCC 语料库在 2014 年上线，再过两年，到 2024 年，提供在线服务时间就已经 10 年了。目前，BCC 语料库的使用者越来越多，但是缺少全面介绍 BCC 语料库的图书，我想借此机会，介绍 BCC 语料库的可编程脚本检索形式，从研发角度，通过脚本语言的 API 设计能够让读者了解 BCC 语料库的底层算法实现，同时，撰写本书供相关语料库开发人员参考。

本书可以作为大学本科高年级学生、研究生的教材或参考用书，同时，也适合从事语言信息处理的相关研究和开发人员阅读。

目 录

第1章
绪　论

语料库作为一种经过特殊加工处理的数据资源，在语言研究、语言教学、语言应用中发挥着越来越重要的作用。语料库包含了丰富的语言实例，便于进行语言的实证研究，为语言教学提供辅助，同时，借助语言大数据可以进行应用开发，推动语言智能技术发展。近年来，随着计算机技术的发展，人工智能、大数据等一批新兴信息技术应用于语料库研究，大大助力了语料库的建设、普及和应用，国内外的汉语语料库建设均有较大推进。

BCC 语料库作为使用频率较高的大型语料库之一，对汉语本体研究、语言教学与应用开发均发挥了重要作用。本书主要对 BCC 语料库的特点、建设、功能、使用等方面进行介绍，并针对常见的应用需求给出了充分的语料库检索实例。本书旨在为读者了解、使用 BCC 语料库，根据研究所需构建个人语料库提供帮助，更好地服务于语言本体研究、语言教学研究及语言应用开发。

1.1　语料库简介

语料库是指出于语言研究和应用的目的，从真实语言生活数据中采样得到语言素材，根据应用需求进行加工处理、标注标引后，形成的电子化数据集。语料库一般有狭义与广义之分。其中，狭义的语料库是指数据内容，通常是指文本类型的语言数据，包括声音、手语、视频等多模态的数据形式；广义的语料库不仅包括数据内容，还涉及语料库的使用方式，包括检索语言、检索工具与服务平台等。本书所论述的语料库是指广义的语料库，以文本类型数据为主，以服务于语言文字相关研究和应用为主要目标。

1.1.1　基本特征

语料库具有真实性、典型性、预标注、连贯性、技术性、目的性、易用性7 项基本特征，具体说明如下。

1．真实性

语料库中包含的是在语言实际使用中真实出现过的语言材料。这些语言材料包括用于日常交流、创作、记录等的语言素材，可以是文字、声音，也可以是视频。无论是何种形式、出于何种使用目的，这些语言材料都是来自实际生活中真实的语言素材，是语言运用的样本，不是由个人刻意杜撰出来的数据集合。

2．典型性

语料库中的数据是语言生活的科学采样数据。随着互联网、传感器以及各种数字化终端设备的普及，数字语言材料每天呈爆炸式增长，已产生且正在产生的语言材料规模较大，任何一个语料库都无法将之全面涵盖。因此，语料库中的数据通常是出于某种研究或应用目的、基于某种语言学标准，从多种文体、领域中科学采样得到的具有代表性的语言材料。较大规模的科学采样，可以使样本数据具有总体性特征，以保证基于语料库研究的科学性与客观性。

3．预标注

语料库中的数据入库前需经过加工处理。语料库中收录的并非采集的原始语言素材，而是经过一定技术处理分析的语言资源。例如，对采集的原始语言素材进行去重、去噪、校对、分词、词性标注、命名实体识别、句法结构分析和语义结构分析等。使用者的需求不同，数据标注的内容和深度也不同。

4．连贯性

语料库中收录的数据是连续的语言材料，通常保留了足够的上下文信息来体现语言研究对象的使用环境。例如，当语言研究对象是词时，需保留句子一级的上下文信息；当语言研究对象是句子时，需保留篇章一级的上下文信息。

5．技术性

语料库依托于信息技术，是信息化的产物。语料库本质上是一种数字化信息数据库，数据采集、加工整理、标注、存储、使用等环节都离不开信息技术的支撑，这些信息技术在语料库的不同生命周期发挥着重要作用。

6．目的性

语料库的建设具有目的性，语料库通常在系统的语言学原则指导下设计和建设，具有明确的使用目的。例如，布朗语料库（Brown Corpus）建库的主要目的是研究当代美国英语，北京语言大学 HSK 动态作文语料库主要用于对外汉语教学实践和研究。语料库语言材料的选取和加工、语料库工具的设计开发都与语料库建设的目的密切相关。

7. 易用性

通常，语料库使用的简易性和功能的复杂性在很大程度上取决于语料库建设的目标、用户及技术。一个好用、易用且能被大多数目标用户认可的语料库，不仅在于其容量的规模性、采样的科学性、加工的充分性，还取决于大部分用户能否以较低的学习和使用成本达到语料库检索的目的，这就要求语料库的使用足够便捷。目前，语料库已经具有查询、统计等多种功能，包括离线、云服务等不同的使用方式。在需求更加明确、技术更加成熟的条件下，语料库的使用也将更加便捷、更具人性化，无论是最广大用户的普通用例查询，还是专业语言学学者的复杂语言研究，抑或是自然语言处理中的数据应用，语料库均可以为其提供高效便捷的服务。

1.1.2 发展历程

语料库的发展分为早期、沉寂期、复兴期、蓬勃发展期 4 个阶段。

20 世纪 50 年代中期之前，语料库主要通过手工收集自然语料，并基于收集的语言材料进行客观的手工分析与处理，对语言进行调查和研究。早期的语料库主要应用于词典的编撰、方言地图的绘制、语言教学（教学词表）、音系研究等。

1957 年，乔姆斯基的《句法理论》一书掀起了一场语言学革命。语言学的研究方法从经验主义转向理性主义，否定了语料在语言研究中的重要性，语料库的发展进入沉寂期。直到 1961 年，以 Nelson Francis(纳尔逊·弗朗西斯) 和 Henry Kucera(亨利·库塞拉) 为首的一批语言学家和计算机专家建成了最早的机读语料库——布朗语料库 (Brown Corpus)，以此为标志，语料库的发展进入现代阶段。

20 世纪 80 年代以来，转换生成语法的主宰地位逐渐消失，随着计算机科学的飞速发展与计算机技术的迅速普及，语料库的发展迎来"第二春"，逐渐进入复兴期。语料库建设开始采用库兹韦尔数据录入机（Kurzweil Data Entry Machine，KDEM）（这种机器进行数据录入一般采用的是光电符号识别技术），语料的编码和编辑不再只依靠人工，并且计算机的运行速度和存储能力飞速增长，第二代语料库大量建成。

从 20 世纪 90 年代开始，国际自然语言处理领域开始转向对大规模真实文本的研究和处理，语料库及基于语料库的语言研究受到了业内学者的高度重视，越来越成熟和实用。随着信息化的发展，人们的语言生活数据电子化，更便于采集。另外，计算机技术的不断革新，为语料库的采集、存储、处理、标注提供了更大的发展空间。基于此背景，第三代语料库兴起，语料库的建设和研究进入蓬勃发展阶段。

新一代语料库在语料上从单种语料拓展到多语料对照，由单模态发展到多模态，由静态到动态。例如，英国柯林斯伯明翰大学国际语言数据库（Collins Birmingham University International Language Database，CoBUILD）为动态监测语料库，每周向用户发送社会用语的变化。其规模从百万级发展到千万级，甚至上亿级。美国 Lexis-Nexis（律商联讯）公司建立的特大型语料库机储文件达 1.5 万亿字符。语料的加工深度从字一级发展到词法级、句法级、语义级和篇章级。例如，BCC 语料库拥有多层次加工的语料，包括分词、词性标注语料、句法结构标注语料和语义依存标注语料。最新一代语料库还呈现数据资源共享、共建的趋势。国际上出现了语言资源联盟（Linguistic Data Consortium，LDC）、全球语言监测网（Global Language Monitor，GLM）等。国内也出现了中文语言资源联盟（Chinese Linguistic Data Consortium，CLDC）、国际中文语言资源联盟（International Chinese Corpus Consortium，CCC）、国家语言资源监测与研究中心等。

随着语料库的不断发展，各个领域对语料库的需求日益多样化，对语料库的期待也越来越高，期待语料库拥有更高的样本质量，更大的样本规模，更好的动态性和流通性，更完善的共建、共享、共治机制。

1.2 语料库类型

根据不同的分类标准，语料库可以分为不同的类型。语料库分类体系如图 1-1 所示。

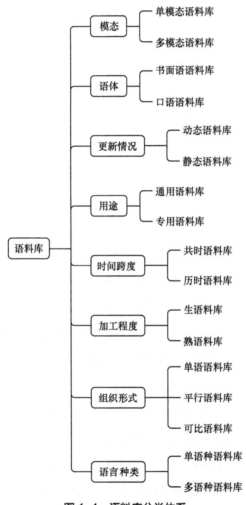

图 1-1 语料库分类体系

1.2.1 模态

根据语料库中存储数据的模态的种类来划分，语料库可以分为单模态语料库与多模态语料库两种。

其中，单模态是指语料库中存储的是文本、语音、图片或视频的任意一种模态的语言数据。而多模态语料库至少包含了两种及以上模态的语言数据。现存的汉语语料库以单模态为主，其中又以文本数据占大部分，随着语言学研究和自然语言处理研究的推进，人们对多模态知识的应用表现出更大的需求。计算机技术的发展也为多模态语料库的构建提供了有力的技术支撑，多模态语料库将是未来语料库发展的重要方向。

1.2.2 语体

根据语料库中语料的语体不同，语料库可以分为书面语语料库与口语语料库两种。

其中，书面语语料库是指语料来自书面材料或用于书面表达的电子材料的语料库，例如，文学作品、新闻报刊、古汉典籍、公文专利等。口语语料库中的语料来自日常口语对话的素材，例如，语音文件及由语音文件转写的文本文件、社交软件产生的对话数据、影视剧台词等。其中，一般情况下，书面语中的长难句较多，语言用法较为全面，词汇量明显多于口语，市面上可见的语料库通常以书面语和口语并存的形式出现，但书面语的占比较大，例如，英国国家语料库（British National Corpus，BNC）、我国的 BCC 语料库就是典型的书面语和口语并存的语料库，但也有专门服务于口语研究的纯口语语料库，例如，英国英语口语语料库（London Lund Corpus of Spoken English，LLC）、中国英语学习者语音库（English Speech Corpus of Chinese Learners，ESCCL）等。

1.2.3 更新情况

根据语料库中语料的更新情况，语料库可以分为动态语料库与静态语料库两种。

其中，静态语料库一旦建成，就不再更新其内容。而动态语料库又称为监控语料库（Monitor Corpus，MC），需要不断地监控新数据的产生并更新到语料库中，以反映语言最新的使用特点，具有一定实时性。由于动态语料库的构建成本和维护成本相对更高，真正能做到及时更新的语料库极少，所以通常会以一定的时间间隔，或者等新语料积累到一定规模后再对语料库进行更新，以减少语料库维护的成本。随着技术与研究的推进，动态数据检测程序及设备更成熟，语料库构建流程更规范，真正实时更新的动态语料库将更普遍。

1.2.4 用途

根据语料库的用途来分类，语料库可以分为通用语料库与专用语料库两种。

其中，通用语料库是指按照普遍认同的语言学原则，预先设计好选材标准，对不同类型语言材料按照一定比例抽样，得到覆盖面较广的语料库。建库过程中需要充分考虑对语料库的各种可能的应用需求，因此，在语料采样过程中需要从各个方面（包括领域分布、时间分布、语体分布等）进行平衡性考虑，力求采样结果能够更好地代表一种语言的全貌，例如，国家语委现代汉语语料库就是通用语料库的典型代表，语料时间跨度为 1919—2002 年，收录了人文与社会科学、自然科学及综合 3 个大类约 40 个小类的语料。其中，BCC 语料库涵盖了报刊、文学、对话、科技、综合和古汉语等多领域、多语体语料，也属于通用语料库。通用语料库容量庞大，往往可以分离出特定类型的文本，形成多个专门用途的子语料库，例如，BCC 语料库的文学频道语料库、古汉语频道语料库等。

专用语料库是指出于某种特定的研究或应用目的构建的语料库，常常只收集某特定领域、特定语体、特定时间范围内的语言使用样本，以反映某种语料集合的语言特点。专用语料库的代表有 HSK 动态作文语料库、红楼梦网络教学研究资料中心、《红楼梦》汉英平衡语料库等。需要说明的是，通用语料库中的子语料库也可视为专用语料库。

1.2.5 时间跨度

根据语料库中语料的时间不同，语料库可以分为共时语料库与历时语料库两种。

其中，共时语料库是由同一时期的语言使用样本构成的语料库，是一个相对于历时语料库的概念。例如，中文五地共时语料库就是典型的共时语料库，中文五地共时语料库由香港城市大学开发采集，是由 1995—2005 年内的报纸语料组成的，语料具有共时性，能够反映同一时期内不同地区报纸语料的使用特点。历时语料库则是由不同时期的语言使用样本构成的语料库，是观察和研究语言时代变化的常用工具，例如，BCC 语料库的历时语料频道收集了 1945—2015 年的语料，时间跨度约为 70 年，是研究这一段时期新闻用语特点及演化情况的有力工具。

1.2.6　加工程度

根据语料库中的语料加工程度的不同，语料库可以分为生语料库与熟语料库两种。

其中，生语料库是指直接采样后未经任何加工处理的原始语言材料构成的语料库，针对生语料库的检索平台或工具一般只能提供简单的字符检索的功能。例如，北京大学 CCL 语料库，除了对文本级的属性等元信息进行了标识，正文部分未经任何加工处理，只能支持字符串检索，是典型的生语料库。

熟语料库是指语料经过加工处理、在语言单元上添加了人工设定的标注标签，例如，分词词性标注、命名实体标注、依存句法标注、成分句法标注、语义角色标注等形成的语料库。根据对语料的加工程度和加工策略的不同，熟语料库可以支持不同的检索功能以供用户查询使用。例如，经过分词和词性标注的语料库不仅可以支持字符串检索，也能够支持词和词性检索，而经过语法结构标注的语料库还可以进一步支持语法结构属性的检索，以利用词法信息和句法信息实现更准确的语料库查询。BCC 语料库的所有现代汉语语料都经过了分词和词性标注，部分经过了句法结构标注，在线语料库平台能够支持字、词、语法属性标记的检索。

1.2.7　组织形式

根据语料库中语料的组织形式不同，语料库可以分为单语语料库、平行语料库和可比语料库 3 种。其中，多语种语料库是指包含两种或两种以上的语言材料，例如，平行语料库与可比语料库。但多语种语料库还包括多个互相之间没有任何对应关系的多语种单语语料库。

顾名思义，单语语料库是只包含单一语种的语料库，像国家语委现代汉语通用平衡语料库、北京大学 CCL 语料库、清华汉语树库（Tsinghua Chinese

Treebank，TCT）等仅涵盖了汉语语言样本的语料库都属于单语语料库。

平行语料库是指由两种或多种具有互译关系的语言文本构成的语料库，主要用于翻译、翻译词典编纂、机器翻译研究等。构建平行语料库的重要环节是不同语种间语言单位的对齐，通常为句对齐、段对齐或者篇章对齐。《红楼梦》汉英平行语料库是典型的平行语料库，是国内第一个根据译者选用原底本所做的汉英句级对齐的平行语料库。该语料库为"红学"不同英译本的研究及翻译教学提供了丰富的资源。再如，北京大学计算语言研究所双语平行语料库包含汉英句子级对齐语料 20 万句对、汉日句子级对齐语料 2 万句对、汉英词汇级对齐语料 1 万对，是一个汉英、汉日双语平行语料库，为机器翻译等应用系统的研发提供了基础资源和标准的评测语料。

可比语料库包含不同语种的语言样本，样本的领域相同，主题相似，但不同语种的样本之间不存在直接的对译关系，通常用于两种或者多种语言的对比研究。无论是平行语料库还是可比语料库，二者都能在一定程度上揭示不同语言的共性以及它们在语言类型与文化方面的差异。

从以上的分类标准和分类结果中可以看出，各分类标准之间是相互重叠的，分出来的语料库类别也并非完全独立，只是分类切入点不同，各研究者可以根据自身所关注的维度对语料库进行划分，也是语料库构建具有目标性的实际体现。

需要说明的是，语言种类中的单语种语料库和多语种语料库本节不再展开论述。

1.3 语料库技术

语料库技术是指语料库建设和应用过程中采用的各种类型的信息技术。语料库技术对语料库的建设和应用至关重要，语料的采集、加工、标注、索引和服务等各个环节都离不开技术的支持。

1. 数据采集

数据采集是指根据语料库的建设目标，考虑语体和领域分布，从语言生活数据中进行采样，以汇聚语料库建设原始数据的过程。根据数据采集源的不同，数据采集技术可分为网络数据爬取技术、田野数据采集技术、领域数据采编技术等。

（1）网络数据爬取技术

网络数据爬取技术主要涉及编写爬虫程序，实现网络数据的自动下载。网络数据爬取技术的要点包括多机多线程并发爬取、数据存储、突破登录和反爬、获取新网址等。

（2）田野数据采集技术

田野数据采集技术包括采集设备涉及的硬件技术，采集工具或平台建设涉及的信息技术。田野数据采集技术的要点包括语音或视频收录和存储、语音识别、录音数据自动转写等。

（3）领域数据采编技术

领域数据采编技术主要涉及多文档格式转化、文档识别等技术。

2. 语料加工

语料加工主要包括编码转换、格式转换、数据去噪、数据去重、过滤敏感信息（识别并过滤涉及政治、民族、道德和个人隐私等敏感信息）等。

（1）编码转换

网络上采集的文本数据可能涉及多种编码方案，包括 GB 2312《信息交换用汉字编码字符集》、汉字国标扩展码（Chinese Character GB extended Code，GBK）、8 位 Unicode 转 换 格 式（8-bit Unicode Transformation Format，UTF-8）、16 位 Unicode 转换格式（16-bit Unicode Transformation Format，UTF-16）等。需要说明的是，构建语料库需要统一编码。

（2）格式转换

格式转换包括为了实现数据结构化，采用不同数据封装格式，包括 JS 对象简谱（Java Script Object Notation，JSON）、可扩展标记语言（Extensible Markup Language，XML）或数据库格式等。

（3）数据去噪

数据去噪主要是删除原始语料中的非内容数据，包括删除格式数据、页面框架说明数据、广告等。

（4）数据去重

数据去重是指消除语料中的重复数据，以免在语料库检索过程中影响用户使用。数据去重技术包括数据指纹技术 SimHash 等。

（5）过滤敏感信息

过滤敏感信息包括设计实现识别算法，识别原始数据中的敏感内容，往往采用关键字或者文档分类技术进行识别和处理。

3. 语料标注

语料标注技术主要包括语料库标注平台建设技术、语料预标注技术等。根据语料库建设目标的不同，语料标注技术需要对语料进行不同层次的预标注，一般涉及分词和词性标注、句法结构分析等。

（1）语料库标注平台建设

语料库标注平台建设往往耗时耗力，需要借助多种信息化工具实现。服务于标注的工具称为语料库标注平台。语料库标注平台建设主要涉及语料管理、任务管理、人员管理和标注面板等功能模块的建设等方面。

（2）语料预标注

为了提高效率，语料标注通常是一个人机协同标注的过程，即由机器先做预标注，再由人工来校验机器标注的结果。为了让机器实现语料预标注，需要人工预先标注一批语料，在此基础上选取模型算法，训练预标注模型，由模型完成语料预标注。

4. 语料库索引

为了方便用户使用语料库，提升语料库检索效率，实现检索功能，需要对语料库数据进行索引处理。针对这一目标，为了提高检索性能，语料库标注平台设计了索引单元，建立了多种倒排索引，从而提高了检索性能。

5. 语料库服务

语料库服务包括提供语料库检索工具或网络检索平台，建设维持语料库正常运营的各种保障工具，具体包括安全性保障工具、稳定性检测和管理工具等。

1.4　语料库应用

1.4.1　服务对象

1. 语言研究

从诞生起，语料库的概念就与语言研究紧密关联。截至 2021 年年底，在中国知识基础设施工程（China National Knowledge Infrastructure，CNKI）总库以"语料库"为主题检索，发现与该主题有关的中文文献已达 40294 篇，尤其在 2004 年以后，相关文献数量呈明显上涨趋势。CNKI 以"语料库"为主题的中文文献发文量趋势如图 1-2 所示。根据 CNKI 的主题分析模块，我们发现"语料库"主题下的文献与"现代汉语""语义韵""对比研究""实证研究"等主题下的文献共现频率非常高，文献类型高度集中于"研究论文"（占比 99.16%）。

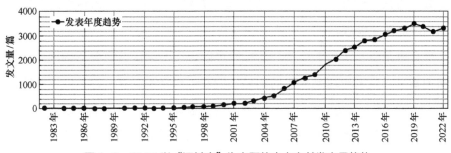

图 1-2　CNKI 以"语料库"为主题的中文文献发文量趋势

语言研究可以帮助研究者考察语言事实、探索语言规律。随着社会的发展，新旧事物的更迭会带来新旧语言要素的进入与退出，为了探究新词新意，研究者可以基于大规模语料库观察指定语言要素在实际语言生活中的表现，例如，卫凯丽（2020 年）基于 BCC 语料库进行了网络热词"凉凉"的研究，王宇（2020年）基于 BCC 语料库进行了语料库视域下"演讲"的词类问题研究，韩文羽（2020 年）基于 BCC 等语料库进行了现代汉语"必然类"情态副词研究等。

语言研究可以帮助研究者论证已有观点。语言研究不断发展，语言学研究范式日新月异，从规范研究到实证研究，研究范式的改变需要语言实证资料的不断跟进。语料库中的语料来自实际语言生活，贴近指定范围语言的真实分布，可以支持研究者使用实证方法验证已有论点。例如，黄辉（2021 年）基于 BCC 历时语料库验证前辈学者对现代招呼语"你好"发展趋势的论述。

2. 语言应用

语言应用服务于语言教学。语料库可以助力相关教材编撰、课程设计、教学设计等工作。语料库的内容采样来自实际的语言生活，对于需要真实语言材料的口语类或生活类教材有较高价值，而基于某些专业领域采样的书面语语料库，例如，语料库中商业领域的文本语料可以服务于商务汉语等教材的编写；携带各种知识点、语法点等信息的母语语料库或非母语语料库，可以服务语言教学的课程设计；真实语料中不同知识点的分布和频次信息对于教材和课程中知识点学习顺序的安排具有重要的指导意义。语料库所提供的检索功能可以供教师从真实语料中准确获取目标实例和知识，例如，为生词检索搭配、获取例句、寻找合适的上下文语境等，也可以借助语料库的实例信息和统计结果探索新的语言教学方法，例如，孙动云（2018 年）总结了基于 BCC 语料库进行语料库驱动的翻译教学模式。

语言应用服务于辞书编撰。语料库可以为辞书编撰选定合适的词条、提供恰当的释义、获取合理且真实的例句。借助语料库编撰辞书，不应该单凭编辑人员个人的语言文化素养来编写词条，而应该直接从语料库中获取大量的相关例句，再由语言学家加以分析归纳编入辞书，使辞书内容更准确地描绘语言的实际使用情况，从而使词义解释得更加深入。从大规模语料库中依据使用频率筛选得到的例词、例句，具备常用性和代表性，内容生动，形式多样，且符合实际。辞书编撰过程中语料库的介入，摆脱了个人直觉的影响，在选词、释义和用法等主要环节都以详实和定量的语言事实为主要依据，并对提升辞书编纂效率、缩短辞书编纂周期、节约辞书编纂成本、提高辞书内容质量等方面有较大帮助。

语言应用服务于模型构建。语料库可以训练和测试数据，服务于应用模型的训练开发，为模型提供真实语言特征。这样的语料库往往与实际的语言应用场景密切相关，例如，平行语料库可以作为机器翻译的训练语料。

语言应用服务于知识挖掘。语料库提供了大量的语言事实，可以作为一种知识源服务于知识挖掘，从中获取词和词之间的搭配、实体知识、事件知识等。基于一个领域的语料库，可以从中挖掘实体或事件知识，构建领域知识图谱和事件图谱，助力知识工程建设，为各类应用场景和技术发展提供知识基础。

1.4.2　应用方式

1．本地与云服务

语料库可以服务于个体的研究或应用开发，也可以作为一般性的数据资源开放给他人使用。语料库使用有本地使用和云服务使用两种方式。

其中，本地使用方式是指不依赖网络，在本地机器上使用语料库工具，实现对语料库的离线检索使用。本地方式往往适用于个人所有的小规模语料库。使用者通过语料库工具构建和使用语料库，对用户本地设备的压力较大，但避免了网络数据传输，无带宽压力。

云服务使用方式是指借助网络技术和云服务技术，将语料库服务部署于云端服务器，以向网络用户提供开放的语料库使用服务。用户的检索输入和检索结果均通过网络传输。云服务使用方式适用于大规模通用语料库，该类语料库具有普适性特点。用户通过网络使用云端语料库服务，对用户设备的要求较低，但大规模的网络数据传输易造成网络拥塞。

2. 交互检索与批处理

基于语料库服务，可以进行交互检索和批处理两种检索方式。

其中，交互检索即通过选定一个特定的语料库，利用语料库支持的检索语言书写检索语句，查询获取符合检索语句描述的结果。该方式通常用于通用语言现象的调查研究，在交互检索过程中，不断明确检索意图，最终获得精确的检索结果。

批处理即通过书写检索脚本，脚本中包含多个检索式和检索对象，一次性向语料库提交并获得批量的检索结果。该方式通常应用于需要在短时间内大规模获得批量检索结果的使用场景，但该方式需要先明确检索目标，并编写确定的检索式。

1.5 BCC 语料库

北京语言大学语料库中心（Beijing Language and Culture University Corpus Center，BCC）语料库，简称 BCC 语料库，是以汉语为主、兼有其他语种的语料库，例如，英语、法语、德语等，同时兼顾多领域、多语体的大规模通用语料库。仅汉语语料规模即达数百亿字，涵盖了报刊、文学、对话、科技、综合和古汉语等多个领域，语料规模和语料选材可以较为全面地反映当今社会的语言生态。BCC 语料库构建的主要目标是为语言本体研究提供一个使用简单、便捷的在线检索系统，构建一个基于大数据的语言应用基础平台。

BCC 语料库自发布以来，为语言本体研究、语言应用研究和语言教学等提供了数据和技术支持等功能。BCC 语料库可以实现考察、证实、完善语言学理论和观点，发现新的语言现象，为语言学本体研究提供数据支撑和量化分析的统计支持等功能。BCC 语料库也可以为信息抽取、知识图谱构建、语言自动分析应用任务等提供资源和检验平台；同时，BCC 语料库也为语言教学实践和研究提供了真实的语言素材及便捷的获取渠道。

BCC 语料库具有以下特点。

1. 语料规模庞大

BCC 语料库收录了数百亿字的汉语语料，是目前国内收录汉语语料规模最大的语料库平台之一。除了汉语，其他各类双语语料总规模约为千万句，可以较为全面地反映当今社会语言学的现状。

2. 语料涵盖多语种

BCC 语料库中的语料以汉语为主，兼顾其他语种，例如，英语、西班牙语、法语、德语、土耳其语等。其中，英语语料主要来自《华尔街日报》，规模达数十亿单词。BCC 语料库以单语语料为主，也包括双语平行语料，例如，英汉、英德等双语对齐语料库，各类双语语料总规模约为千万句。在 BCC 语料库检索时，汉语最小的单位是汉字，其他语种最小的单位是单词，但单词不支持词形变化，保持原始语料中的形态。

3. 汉语语料涵盖多领域

BCC 语料库中现代汉语语料涵盖了报刊、文学、对话、科技、综合等多个领域，可以满足对不同类型语言素材的专项研究和比较研究，以及基于多种类型语言材料的语言整体特征研究。

4. 涵盖现代汉语和古代汉语

BCC 语料库包括了百亿字规模的现代汉语语料和数十亿字的古代汉语语料。其中，古代汉语语料包括古代文学藏书中的佛藏、儒藏、道藏、医藏、史藏等 10 类典籍文本，涉及古代哲学、政治、经济、军事、教育、文学、艺术、医学、历史等方面的语言内容。

5. 兼顾共时与历时

BCC 语料库中"历时检索"的语料主要来自 1945 年至 2015 年的《人民日报》，在该语料库下查询，结果以图形方式呈现。除了历时检索频道，其余子语料库均属于共时语料库。

6. 兼顾书面语与口语

BCC 语料库既包含了报刊、藏书典籍等典型的书面语言材料，也囊括了例如微博评论在内的口语语言材料，能够同时满足对不同语体的语言使用情况研究。

7. 语料多层次加工

BCC 语料库包括生语料、分词和词性标注语料、句法结构标注语料和语义依存标注语料。目前，BCC 语料库已对现代汉语、英语、法语的语料进行了词性标注，并对现代汉语语料进行了句法树结构分析，除此之外的其他语料都是未加工的生语料。语料加工层次不同，支持检索的功能也不同，例如，生语料不支持带有词性信息的检索。

8. 服务方式多样化

BCC 语料库主要提供了在线网站检索、云服务检索和离线检索 3 种检索方式。其中，在线网站检索即通过 BCC 语料库在线网站输入检索表达式完成检索；云服务检索则通过调用 BCC 语料库检索引擎提供的 Web API 编写检索脚本实现检索；离线检索不需要借助网络，使用 BCC 语料库工具包直接与本地语料索引数据进行交互，在检索过程中载入索引和检索表达式，完成离线检索。

对照本章介绍的语料库类型，结合本节的 BCC 语料库特点描述，可以认为，BCC 语料库属于多语种、单模态、通用、动态，兼顾书面语与口语、共时与历时的在线熟语料库。

第 2 章
BCC 语料库的建设

语料库建设主要包括语料库数据、语料库系统和语料库服务 3 个方面。其中，语料库数据建设包括语料选材、采集、加工处理和标注标引；语料库系统建设包括语料在计算机中的组织形式构建、检索语言设计及检索工具建设；语料库服务建设包括语料库服务方式的设计与建设。建设一个内容满足用户需求、使用便捷的语料库，是一个庞大且复杂的工程，本章将从上述 3 个方面对语料库建设的一般流程和 BCC 语料库建设的主要内容及过程进行阐述。

2.1 概述

从开始的数据采集到语料库服务，语料库建设主要经历了语料采集、语料清洗、语料标注、语料检索等阶段。语料库建设过程中经历的主要阶段示意如图 2-1 所示，具体介绍如下。

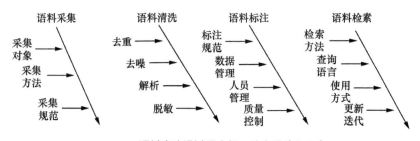

图 2-1 语料库建设过程中经历的主要阶段示意

1. 语料选材

语料选材即根据语料库的建库目标，从语种、领域、语体、体裁等不同角度选取将要采集的语料范围。对于通用型语料库的建设，语料的选材过程是保证语料库实用性和科学性的重要环节。而对于专用语料库，选材的正确性和科学性是语料能够服务于专用领域研究的基本保证。

2．语料采集

语料采集即采样，是依据特定目的，服务指定目标，选择特定方法，获取特定规模的语料以反映真实语料分布的过程。语言资源采集方式一般包括田野调查、网页电子文本爬取、纸质文本转写等。语言学的研究必须以语言事实作为根据，必须详尽地、大量地占有材料，才有可能在理论上得出比较可靠的结论。搜集语料的方式与方法也随着技术的发展而变化。从早期的手工收集语料到计算机辅助收集语料，从搜集文本语料到音频、视频等多模态语料，从传统存储介质采集语料到从网络上采集语料，不同的采集技术产生不同的采集方式和采集内容。

3．语料清洗

语料清洗即剔除数据中不需要、不合适的内容。例如，网络采样数据一般存在大量非文本内容的标记和重复的内容模块，直接采集到的网页数据与语料库内数据形式出入较大。由于语料库检索及知识获取的效果在很大程度上依赖于语料库中数据资源的质量，所以有必要对采样数据中的非主题内容和重复内容进行清洗。数据清洗工作的内容主要包括去除重复数据、噪声数据、政治伦理、道德伦理、个人隐私等相关的敏感数据。

4．语料标注

语料标注即对清洗后的语料进行标注标引。对服务于不同目的的语言材料，要根据具体使用需求来确定进一步的加工标注策略。例如，语言本体研究需要的是可以被明确区分的语言单元、被清晰标记的单元属性、被显著关联的单元关系等。语言教学需要将语言点、学生学情信息等标注、显化在语料中。应用开发、知识图谱、事理图谱等领域，则需要标记实体与实体之间的关系、事件与事件之间的关系、实体与情感等。

5．语料检索

语料检索是为了加快信息查找，基于目标信息内容预先创建的一种存储结构，也是一种常见的检索优化手段。对于大规模语料库系统而言，检索能够大幅提升语料库的查询效率，提升语料库检索系统的并发能力。

语料检索对象的选定是语料检索过程中最基本也是最重要的步骤之一，其效果将直接影响语料检索的效率、语料库检索的准确率、查全率及语料库系统所能提供的检索功能。一般情况下，每种语料检索对象提供一种检索途径，回答某种检索提问。因此，语料检索对象一般也是检索时使用的基本检索对象。语料中具体语言片段是语料库检索典型的检索对象，包括字、词及 n 元文法等。生语料一般以字作为检索对象，检索时也只能以字或者字的组合来查找。句法结构树语料包含了字、词、短语、词性标记、属性标记及不同语言单元之间的语法结构关系，为了支持对这些内容和关系的检索，语料检索对象也应做相应调整。

语料检索的功能取决于它所包含的检索对象的数量及种类。一个语料库索引包含的语料检索对象种类越多，与用户的需求越匹配，能够提供的检索功能也就越多，检索结果也会越准确，作用也就越大。反之，则可能造成语料库的价值大打折扣。尽管如此，也不应盲目追求语料检索对象的数量和种类，而是要针对被检索数据的具体情况并结合用户的检索需求，利用有限的设备空间资源，选择具有检索意义的内容和形式特征进行语料索引。

语料库检索需要针对不同的检索需求和任务特点，对不同的数据对象构建检索，以满足用户对检索功能的要求，平衡设备的空间占用和检索的时间效率。

6. 检索语言设计

检索语言是语料库系统的重要组成部分。语料库检索结果准确与否，不仅依赖于检索表达式与数据索引特征标识的匹配程度，很大程度上也取决于检索表达式书写规范的描述能力，即检索语言的描述能力。例如，对于分词和词性标注语料，检索语言需要对语料中的字符、词、词性符号等数据特征进行有效表达。另外，如果需要对查询子串之间的距离，查询子串的长度、内容、类别等信息进行描述，检索语言则需包括能够满足高级查询需求的规则，例如，BCC 检索语言涉及的通配符和条件检索的书写规则等。当对数据的查询和操作要求更复杂时，单行的检索表达式往往无法承载用户的查询需求，这时能够以编程的形式完成查询的编程语言更能发挥其作用，例如，结构化查询语言（Structured Query Language，SQL）。因此，语料库在建设过程中需要充分考虑语料库检索的需求来设计检索语言的内容和规则。

7. 语料库服务

语料库服务即语料库建设者或拥有者以什么方式向语料库用户提供检索服务。一个语料库采用什么样的方式提供服务往往是以该语料库的建设目标及服务对象为主要出发点的。

语料库服务大体上可分为本地服务和云服务两类。其中，本地服务通常借助语料库工具，是一种在本地设备上部署语料库提供的服务。用户可以通过语料库工具提供的检索接口，从语料库中查询目标内容，完成离线检索。云服务借助语料库工具将语料库部署在云端服务器之上。用户可以通过网络调用云端语料库开放的接口，实现语料库在线查询。本地服务和云服务的语料库在建设上的工作量和难易程度都存在差异，也会对语料库用户造成不同的使用成本，往往用户使用越便捷，服务方式就越复杂，建设者开发成本就越高。

8. 语料库使用

用户使用语料库服务的方式主要有交互检索和批处理检索两种。其中，交互检索利用语料库支持的检索语言书写检索语句，逐步明确检索意图，通常伴随检索式的不断改进，以获取精确符合用户查询目标的结果。批处理检索通常经过书写检索脚本，将多个已经确定的检索式或检索目标，一次性向语料库提交并获得多个检索结果，实现快速批量的知识获取。

9. 语料库运维和更新

语料库服务部署完成后并不是一劳永逸的，语料库运维和更新更是一项持久性的工作。语料库维护者需要不断关注语料库的运行情况，包括语料库服务是否能够提供正常的检索功能及用户对语料库现有功能和使用体验的反馈。一个有生命力的语料库需要整理分析用户的实时反馈，不断以最切合用户的需求为导向，改进语料库的服务质量和功能。除了语料库服务和功能方面的改进，语料库中的资源内容也需要实时更新，以满足用户对当前社会语言使用情况的研究需求。

语料库建设的目标贯穿语料库建设的始终，语料库建设的目标和一般原则决定了语料库的数据建设，语料库的数据形态和使用目的决定了检索语言的设计，语料库的建设目标及服务对象决定了应该以何种方式提供语料库服务，也就决定了用户对语料库服务的使用方式。因此，一个完整的语料库建设过程是环环相扣，以需求为导向，立足科学的工程建设过程，并逐渐形成一套科学构建原则和建设流程。

BCC 语料库建设也符合语料库建设的一般流程，接下来，我们将从 BCC 语料库数据、BCC 语料库系统、BCC 语料库服务 3 个方面对其进行具体介绍。

2.2 BCC 语料库数据

本节主要介绍 BCC 语料库数据的概况及数据的加工过程，包括 BCC 语料库的选材分布、数据规模、数据形态及数据加工处理过程等。

2.2.1 数据概况

BCC 语料库是一个通用的平衡语料库，以汉语为主，兼顾其他语种，既包括多语种单语语料，也包括多语种平衡语料。其中，汉语语料库囊括了现代汉语和古代汉语，覆盖多领域、多语体，涵盖不同层次的标注信息，是目前国内收录汉语语料规模最大的语料库平台之一，是服务语言本体研究和语言应用研究的大数据系统。

1. 数据分布

在 BCC 语料库中，除古代汉语，其余语料均经过了分词词性标注。汉语语料涵盖报刊约 15 亿字，文学约 15 亿字，多领域综合约 20 亿字，对话约 5 亿字，古汉语约 16 亿字。其中，新闻、文学和综合语料标注了时间、作者等出处信息。古汉语语料包括古代文学藏书、佛藏、儒藏、道藏、医藏、史藏等 10 类典籍文本，涉及古代哲学、政治、经济、军事、教育、文学、艺术、医学、历史等不同方面的语言资源内容。

除了 BCC 网站上可以检索获取的语料，BCC 还包括将近 500GB 带有深层次句法结构标注信息的语料，涉及专利、报刊、文学、科技等多个领域，兼顾书面语和口语。

2. 数据形式

语料根据加工层次的不同可以分为生语料，分词、词性标注语料，句法结构标注语料和语义结构标注语料。随着语料深加工技术的不断革新，熟语料在语料库中所占的比例逐渐增大。BCC 在线语料库的现代汉语部分均经过了分词和词性标注，是携带了词法信息的熟语料。另外，BCC 线下语料库涉及约500GB 句法结构标注语料。句法结构标注语料示例如图 2-2 所示。该语料依据多层次组块结构标注体系完成了句法结构标注，是具有词性标记、短语功能标记和组块结构标记的句法结构树语料。

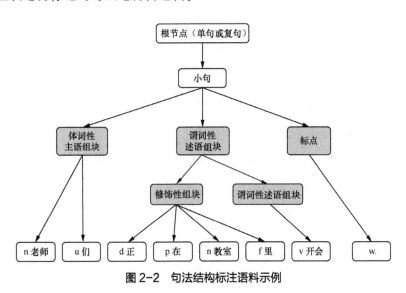

图 2-2　句法结构标注语料示例

2.2.2　数据加工

BCC 语料库数据加工主要包括 3 个部分内容。一是数据采集，以从目标资源网站爬取、纸质材料扫描、人工录入、购买等方式实现，完成原始语言数据的获取。二是数据清洗，网页数据的清洗包括网页源文件的解析，需要说明的是，网页数据的清洗也可以与网页文件爬取过程同步进行；另外，数据清洗还包括数据的去重、去噪等，以提升数据的"纯净度"和正确性，确保最终进入语料库的数据质量。三是数据标注，根据语料库建设目标和应用目的的不同，选择不同的标注策略和标注工具。BCC 语料库主要进行了分词词性标注和句法结构标注，相比于生语料，完成标注的语料携带了更多显式的语法信息，为进一步提升语料库的应用价值奠定了基础。

1. 数据采集

在这个数字洪流汹涌的时代，互联网已然成为最大的语言材料聚集地，是未来语料库资源的主要来源地，BCC 语料库的数据大部分是从互联网采集的。因此，本节主要对网络数据的采集进行简要介绍。

对于网络数据采集，网络抓取（Web Scraping）是其中使用最为普遍，成本相对较低，同时能够实现持续大规模采集的手段，也是一种可以实现自动化、系统化地收集 Web 端数据的技术。网络爬虫（Web Crawler）则是实现了该技术的程序、脚本或工具。爬虫通过模拟网络用户使用浏览器的行为与 Web 服务器进行交互，完成网页的下载。一个完整的网络爬虫工具至少包括统一资源定位符管理、网页下载和网页文件解析 3 项功能。

网络爬虫是爬取指定网页地址的数据。因此，采集数据前，首先需要知晓目标网页的网址，即统一资源定位符（Uniform Resource Locator，URL）。运行网络爬虫前，首先设定待抓取的种子 URL。例如，爬取的目标是《人民日报》的报刊数据，则可将《人民日报》官方网站的首页网址设置为种子 URL。在种子 URL 的基础上，下载 URL 指向的网页文件，从下载的文件中解析出新的 URL 和语料内容，并对新提取的 URL 进行重复性判定。如果是未抓取且有价值的 URL，则将其添加到待爬取的 URL 队列，以确保网络爬虫的自我资源发现能力。

网络数据抓取流程如图 2-3 所示，图 2-3 描述了一个最为基础的网络数据采集框架。

图 2-3　网络数据抓取流程

网络爬虫的核心是编制程序、模拟用户的浏览行为，自动下载网页数据、在技术上可以使用程序设计语言封装好的超文本传输协议（Hyper Text Transfer Protocol，HTTP）内的应用程序接口开发爬虫客户端，也可以借助市面上众多开源的爬虫框架和工具来完成网络数据采集。例如，浏览器扩展类的爬虫工具 Web Scraper、Data Scraper、Listly、Mercury 等，这类工具可直接在 Chrome 浏览器上安装使用。Python 框架类爬虫工具有 Scrapy、Pyspider、Crawley、Portia、Newspaper、Grab、Cola 等。这类工具都较为完整地实现了爬虫客户端所需的功能，部分框架集成了数据采集、可视化和分析等技术，能够较大程度减少爬虫程序的开发工作量。另外，还有大量能够提供爬虫商业服务的平台。例如，Parsehub、Octparse、Content Grabber、Mozenda、Diffbot 和 ScrapeStorm 等商业服务平台，通常能提供更高级别的爬虫服务。

　　随着互联网技术的发展，网络数据交互的流程和要求也更规范、更严格。网页爬取行为的控制包括抓取时的并发情况、时间间隔和参数更新周期等。这些都是爬虫开发者需要考虑的问题。同时，许多正规网站为了避免爬虫的采集，服务端会设置大量的图灵测试以阻止爬虫程序的恶意爬取，这对爬虫程序的开发和现有工具的完善提出了更高的要求。

　　需要注意的是，网络爬取不应该是肆意盲目的数据采集行为，在运行网络爬虫的过程中应尽量避免短时间内频繁集中爬取同一主机下的数据，否则，可能影响普通用户对网络服务的正常访问，导致爬虫客户端被服务端限制访问。网络爬虫如果不严格控制采集速度，则会对被采集网站服务器造成严重负担，恶意消耗网站的服务器资源，甚至是拖垮服务网站。另外，一些特殊网站的网页内容存在著作权问题，未经版权方确认，利用爬虫抓取版权方作品，可能造成侵权。因此，网络爬虫不应毫无节制地采集网页数据，对具有版权要求的数据资源，可通过官方渠道购买其版权，作为语言资源的建设者和研究者，我们更应该强化个人的知识产权保护意识。

　　2. 数据清洗

　　数据清洗是指发现并纠正语料数据文件中可识别错误的一系列操作，包括提取有效数据、处理重复数据、噪声数据和部分敏感数据等。例如，互联网是大型语料库的主要数据源，从网络上直接爬取的数据文件通常都是超文本标记语言（Hyper Text Markup Language，HTML）文件。这类文件包含了大量标签，网站建设者通过这些标签来组织文档格式，对网页呈现的内容进行描述，因此，网页文件中会存在大量非文本内容的标记。例如，为了增强用户交互性而加入的各类脚本，为了便于用户浏览而重复加入的导航链接，出于商业因素加入的广告链接等。另外，这类文件还可能包括大量重复的内容模块，例如，由于主题雷同而重复出现的段落、篇章等，所以将会导致直接采集到的网页数据与规范语料库中语言资源的文本内容和结构形式差异较大。

而语料库检索及知识获取的效果在很大程度上依赖语料库中数据的质量。因此，为了区分开网页文件中的文本内容、重复内容、文本属性及其他无用数据，在进一步加工前有必要对其进行清洗，以提取主要的语言内容，获取有用的文本属性信息，便于后续的语料标注、索引入库和检索使用。

BCC 数据清洗主要涉及以下 4 个部分：一是针对网络采集数据，需要从网页文件中解析出主要语言文本内容及元数据信息，包括文档标题、文本正文、作者、发布机构、发布时间等；二是去除大面积重复数据，包括删除完全重复和部分重复的文件，并对异常重复句子进行甄别与处理；三是正文内容清洗，从提取出的文本正文中剔除非主题内容数据和无意义数据，例如，不可见字符、乱码、特殊超长字符串、残留 HTML 标签等；四是去除正文内容中道德伦理、政治伦理相关的敏感数据。下面详细阐述数据清洗 4 个方面的工作流程。

（1）网页文件解析

BCC 语料库根据不同的应用目标，在解析过程中将网络文本中的各类标签信息进行有效整理归类，使之能够服务于不同的使用需求。BCC 语料库网页文件解析是从 HTML 格式的源文件中解析出文本内容和文本的各类属性值，并对属性值进行标记处理，生成当前文本的属性特征数据，然后以一定的格式和文本正文一起保存，以供索引时和文本正文一起构建能够满足文本内容检索和属性条件约束检索的索引库。

网页文件解析规则的指定及解析流程的设置，需要建立在对网络文件结构和内容详细分析、了解的基础之上。因此，为了准确全面地获取网络文件的属性信息和文本正文内容，我们需要对网络文件的组织语言和特点有所掌握。

例如，一个简单的 HTML5 文档文件解析如下。

```
<!DOCTYPE html>
<html lang="zh-cn">
<head>
<title>文档标题</title>
<meta charset="utf-8">
<meta name="description" content="文档描述信息">
<meta name="keywords" content="文档关键词">
<meta name="author" content="作者">
</head>
<body>
文档内容......
</body>
</html>
```

上述示例文件中的 <html> 和 </html> 标签之间是文档的头部和主体，<html> 标签内部有标记语种的属性和属性值，即 lang="zh-cn"，根据这一属性值，可以实现对不同语种文本的分类。

文档头部由 <head> 标签定义，该标签之间包含了文档的元数据信息，即文档的属性信息。主要的元数据标签有 <link><meta><noscript><script><style><title> 等。上述示例文件中出现了 <meta> 和 <title> 两类标签。其中，<meta> 标签用来描述文档信息，指定了当前网页的编码方式、描述内容、关键词及网页文本的作者；<title> 标签用来定义文档的标题。上述示例文件中的元数据标签只是实际网页文件标签的一部分。这些标签定义的元数据都是对语言资源极为重要的文档级特征，也是后续提升语料库应用价值必不可少的特征基础。因此，在网络文件解析过程中，有必要将其有效记录、整理、归类并保存。

文档主体由 <body> 标签定义，该标签下包括了文本正文、超链接、图像、表格等信息，对 <body> 下的节点进行解析，以获取语料库资源建设的主要文本数据。

一般的爬虫框架和爬虫工具都提供了网页文件解析的方法或接口，例如，Scrapy 框架的 parse 方法。除了直接借助现有爬虫框架解析文件，也可以通过程序设计语言的解析库实现网页文件的解析。例如，lxml 解析库、pyquery 解析库，以及近几年被 Python 用户频繁用于从 HTML 或 XML 文件中提取数据的 BeautifulSoup 解析库。另外，像 XML 路径语言（XML Path Language，XPath）这样能够从 HTML 和 XML 文件中提取数据的语言，同样可用于网页文档的解析。

（2）去除重复数据

随着互联网的普及和文字教育水平的不断提升，数据的开放共享及网络上的信息转载非常普遍，致使各大数据采集源上充斥着大量重复数据，这种现象在互联网上尤为严重。对于网络数据，有的是 URL 相同，有的是网页内容相同。URL 重复问题可在数据采集过程的 URL 管理阶段解决。大量的重复数据不仅会对语料采集、加工的人力和机器资源造成浪费，降低数据处理效率，也会对语料库数据的最终质量产生影响，从而对基于该语料的语言学计量研究结果造成干扰，使研究结论偏离语言事实。

因此，针对语料库中的语言材料，去重工作非常关键。网页文件去重的方法大体可以分为基于网页结构去重、基于网页特征去重、基于网页内容去重 3 类。其中，基于网页结构去重是利用特殊算法，例如，MD5，即消息摘要算法（Message Digest Algorithm，MDA，一般称为 MD5），计算得到网页正文结构的信息指纹，通过指纹的相似度来确定网页文本是否重复。基于网页特征去重一般通过提取网页特征，再基于网页的特征进行网页相似度计算去重。基于网页内容去重主要是以网页的文本内容作为去重依据，通过网页内容聚类或网页内容信息指纹的比较进行去重。

需要注意的是，网页的元数据信息也可用于网页内容去重，HTML 文件常会在 <meta> 标签中定义一些文档属性，例如，网页的关键字、描述、作者及版权信息等。其中，关键字和文档描述往往是文档初级分类的基础，可对基于网页结构、网页特征和网页内容的相似性判定进行指导。

（3）去除噪声数据

语料数据的来源千差万别，文件格式多样，书写规范不一，不可避免地会存在大量特殊的字符或字符串，这在网页文件中尤为突出。数据的噪声通常是指文本中与应用目的不相符的部分，例如，不可见字符、非法长字符串等，以及网页文本中导航信息、版权信息、评论、广告、相关链接、不规范的 HTML 标签等。正文内容周围出现的噪声一般可以通过网页文件解析剔除掉，正文部分的噪声则可在解析出网页正文后利用相应的手段去除。这些噪声数据如果不进行处理，则可能会导致语料标注、索引及检索过程出现难以预料的问题。

① 主题无关信息

导航信息、版权信息、评论、广告、相关链接等噪声通常与网页文本内容所要表达的主题关联性较弱，这部分 "噪声" 的去除也称为主题无关信息的去噪。针对主题无关类的噪声，利用网页文件解析工具即可有效去除。

除了借助解析工具，也有专门去除此类噪声的方法，例如，通过模板去噪。这里的模板主要是指一个网站中重复在很多网页中出现的内容，典型的有导航条、广告、隐私政策说明、联系方式等。一般去除这部分噪声后，可以显著减少网页内标签结构的复杂性，减小数据存储的压力，从而减少后续处理过程的时空开销。

② 不可见字符

不可见字符可以简单地理解为人肉眼无法识别的字符，在数据处理过程中遇到的不可见字符通常都是美国信息交换标准代码（American Standard Code for Information Interchange，ASCII）字符代码表中的控制字符。其中，十进制 0 到 31，以及 127，这 33 个编码均是不可见的控制字符或通信专用字符，没有特定的图形显示。如果直接将包含大量不可见字符的数据直接送入处理程序，则可能导致程序运行出现问题，或在检索语料库时得到意想不到的结果，因此，需要在语料库建设前期将此类字符剔除。

世界上不同国家和地区使用的不同编码方式均可以兼容 ASCII，例如，UTF-8、GB2312 等对这些控制字符的编码一致，因此，在处理文件中的不可见字符时，可以直接利用不可见字符的编码区间进行判定，即如果一个字节的二进制编码的第一位是 0，且十六进制编码大于等于 0x00，小于等于 0x1F，或者等于 0x7F，则认为当前字节表示的是一个不可见字符。

③ 乱码

世界上不同国家或地区为了在计算机上显示本国的语言，制定了不同的编码方式。因此，同一个二进制数字在不同的编码体系下可以被解释成不同的符号，且不同的编码体系能够编码的字符范围也不同，例如，UTF-8 编码的字符范围就远大于 GB2312 或 GBK，将 UTF-8 编码的原始语料文件转换为国标码存储或参与计算时，就极有可能造成文件乱码或程序无法正常读写。这种情况下则可以使用语料库工具支持的编码区间对语料进行过滤，以避免出现乱码问题。

一些不可见字符串的出现也可能会造成乱码，例如，字节顺序标记（Byte Order Mark，BOM）文件编码头一般用来标识文件的编码类型。微软在 UTF-8 编码的文本文件开头会加上 EF BB BF3 个字节编码，Windows 系统上的部分文本编辑程序会根据这 3 个字节编码来确定一个文本文件是 ASCII，还是 UTF-8。但并不是所有工具或平台会做编码头的检测，有时会直接把文件编码头当作普通字符编码处理，此时可能会造成乱码。因此，在打开文件后，可以首先判断文件的前 3 个字节编码是否等于 0xef、0xbb 和 0xbf，如果相等，则不要将其解释为普通字符。

④ 非法长字符序列

对于大型语料库，语料资源的领域覆盖面往往很广，不可避免地会涉及一些特殊领域的文本，例如，生物、化学、医学等。这些领域的语料中可能会出现一些由字母、数字等非汉字字符组成的超长字符序列。这种超长的字符序列在该领域内虽然具有一定的表示价值，但是一般情况下，对其做删除处理，以免影响后续的语料库存储和标注。同时，这种超长的字符序列对语言学研究的贡献微乎其微。

⑤ 不规范的 HTML 标签

标准的超文本标记语言文件都具有一个基本的整体结构，除了自闭标签和单标签，HTML 标签一般成对出现。但网络文件的书写没有统一规范，这就造成许多网络文档结构的混乱。这种混乱不仅会导致解析过程的不顺畅，即使通过了解析，也可能会在提取出的文本内容中遗留一些 HTML 标签，由于这些标签本身并不属于文本内容，所以必须去除。考虑到 HTML 标签的特点，同样可以使用正则表达式进行过滤，例如，匹配模式"</?[`>]+>"就能够过滤掉大部分 HTML 标签。

（4）去除敏感数据

去除敏感数据是指对语料数据中含有的敏感内容进行过滤，包括道德伦理、政治伦理、个人隐私等相关内容。一个面向所有网络用户的大型通用语料库应尽量避免在语料数据中大量出现容易造成道德或政治伦理冲突的语言内容，确保语料库的长期健康运行。

过滤敏感数据通常借助识别算法或分类算法实现。当采用识别算法过滤敏感信息时，一般需要先获取敏感词词表，然后基于已有词表，识别原始数据中的敏感内容。常用的识别算法有正则表达式匹配算法、确定有穷自动机（Deterministic Finite Automation，DFA）算法、二叉树匹配算法等。对于分类算法实现敏感信息过滤，通常利用已有敏感数据训练模型，然后利用分类模型区分敏感内容文本。

3. 数据标注

针对搜集到的语料，需要将隐含的语言信息和关系显式标注出来，以便用户使用。随着语料库的发展及语料自动分析技术的进步，标注标引后的熟语料已然成为语料库资源形态的主旋律，但进一步的加工标注策略需要根据具体使用场景来确定。

语言学本体研究中对语言学理论和观点的考察、证实、完善、新语言现象的发现，以及其他实证研究和量化分析都需要语料库提供数据支撑。语言教学实践和研究中的词语搭配、用法实例等需要语料库提供教学素材。自然语言处理中的信息抽取、知识图谱构建、语言自动分析等语言应用任务需要语料库提供知识资源和检验数据。

围绕语言本体研究、语言教学和语言应用研究 3 个方面的需求，我们对BCC 语料库中的语料进行了分词和词性标注，以及句法结构标注。其中，除了古汉语，其他语料都经过了分词和词性标注，部分语料还进行了句法结构标注。综合来看，BCC 语料库是携带了多种语法属性和语法结构信息的深加工语料。

（1）分词词性标注

语料标注环节的中文分词是指将输入的中文文本基于特定的规范划分为"词"的过程。由于任务不同、视角不同、准则不同，不同学者对"词"的划分持有不同意见，分词标准很难被精确定义，所以在实操中，分词标准往往采用事实标准或自定义标准，或者基于特定领域标准和特定问题标准来区别词语。由于视角、研究领域和研究问题的差异，所以分词标准的侧重不同，这也成为中文分词较难的主要原因之一。

长期以来，"分词标准""歧义消解"和"未登录词识别"都是分词研究的关键性问题。围绕这些问题，中文分词技术发展历经 30 余年，分词方法不断更新迭代，从基于词典匹配分词到基于统计的机器学习分词，再到基于神经网络的深度学习分词和各类方法的集成分词策略，如今中文分词整体上已经达到不错的效果。

词性标注则是在给定词串的基础上，为每个词根据所在的位置和充当的功能赋予一个确切的词法功能标记的过程。词性标注与分词的关系最为紧密，开发者往往将其与分词任务联合构建，设计成一体化的分析工具。

随着 NLP 技术的日益成熟，开源的分词词性标注工具也越来越多。BCC 语料库针对其具体研究及应用目的自主开发训练了分词和词性标注工具。BCC 语料库使用的分词和词性标注工具对例句的分词词性标注结果如下。

原句：生态环境部提供的资料显示，2021 年，全国碳排放权交易市场第一个履约周期顺利收官，纳入发电行业重点排放单位有2162 家，碳排放配额累计成交 1.79 亿吨，累计成交额为 76.61 亿元。同时，持续推进排污权有偿使用和交易试点工作，全国 14 个试点地区排污权有偿使用和交易总金额超过 10 亿元。

上述原句的分词词性标注结果如下。

```
生态/n 环境/n 部/n 提供/v 的/u 资料/n 显示/v ，/w 2021/m 年/q ，/w
全国/n 碳/n 排放/vn 权/n 交易/vn 市场/n 第一个/n 履约/vn 周期/n 顺利/
ad 收官/v ，/w 纳入/v 发电/vn 行业/n 重点/d 排放/v 单位/n 有v/2162/m
家/q ，/w 碳/n 排放/vn 配额/n 累计/v 成交/v 1.79亿/m 吨/q ，/w 累计/
v 成交额/n 为/v76.61亿/m 元/q 。/w 同时/c ，/w 持续/vd 推进/v 排污/
vn 权/n 有偿/d 使用/v 和/c 交易/vn 试点/vn 工作/vn ，/w 全国/n 14/m
个/q 试点/vn 地区/n 排污/vn 权/n 有偿/d 使用/v 和/c 交易/vn 总/b 金额/
n 超/v 过/v10亿/m 元/q 。/w
```

（2）短语结构分析

句法分析分为短语结构分析和依存结构分析，二者的基本任务分别是确定句子的短语结构层次和句子中各成分之间的依存句法关系。其中，短语结构分析是对一个句子的句法成分进行结构分析的过程。短语结构分析以结构和属性功能标记来显化句子中各成分承载的功能和关系，为后续语义、语用分析等语言学研究及自然语言处理下游任务提供知识基础和结构基础。

短语结构分析研究经历基于语言规则分析到借助统计进行分析的过程，再到目前被广泛使用的神经网络句法分析方法，极大地提升了短语结构分析的准确率和速度。绝大部分基于神经网络的句法分析方法都是基于统计的方法上的改进，也是现阶段最流行的句法分析策略之一。

BCC 语料库使用的短语结构分析工具是基于北京语言大学汉语组块结构树库训练而成的句法分析器，以下称为北语组块结构分析工具。北语组块结构分析工具能够根据短语功能与句法角色，将句子分析为由句法成分、衔接成分、辅助成分构成的块状组合序列，以组块状短语结构树为句法表示，直接根据各组块的性质及功能，标注句子骨架，突出中心词信息。训练语料覆盖了新浪新闻、新华社新闻、百度百科、专利申请书、小学生作文、法律案件判决书等多个领域，因此，在 BCC 语料库涉及的领域文本上分析效果较好。北语组块结构分析工具能够支持生语料和分词、词性标注语料作为输入，当输入为分词、词性标注语料时效率更高。

组块结构树分析结果示例如图 2-4 所示。

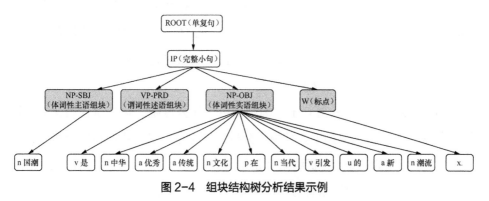

图 2-4　组块结构树分析结果示例

北语组块结构分析工具对例句进行组块结构树分析的结果如下。

原句：国潮是中华优秀传统文化在当代引发的新潮流。

分析结果如下。

```
[ROOT[IP[NP-SBJ [n 国潮]][VP-PRD [v 是]][NP-OBJ [n 中华][a 优秀][a 传
统][n 文化][p 在][n 当代][v 引发][u 的][a 新][n 潮流]][w [x 。]]]]
```

现阶段，北京语言大学大数据与教育技术研究所已利用该工具完成了超过 200GB 汉语生语料的组块结构分析，并已完成了 BCC 语料库建设。

（3）依存句法分析

依存句法分析是以谓词作为中心，分析自然语言句子中语言单元之间的句法依存关系，构建对应的依存树或依存图的过程，对促进语义、语用理解具有重要的意义。

BCC 语料库中的依存语料是利用北语块依存分析工具分析而来的，以组块依存图的形式呈现。北语块依存分析工具是基于北语块依存图库训练得到的，是一种基于转移的组块依存分析工具。组块依存图是对依存树表示的扩展，它与树结构表示形式的主要区别在于，允许一些节点拥有多个父节点，从而将整个句子或篇章表示成一个有向无环图（Directed Acyclic Graph，DAG）。

组块依存分析中的组块是指由连续词语或语素整合而成的序列，表现为同一句子层级中充当句法成分的各个连续单元。相较于基于词的依存分析，以组块为单位更符合汉语意合性的特征。一方面，组块具有很好的现实意义，符合人们对语言的认知规律；另一方面，以组块为分析对象能够减少分词碎片，降低活用、语境义等带来的分析错误；同时，组块避免纠结于"词－词"之间的关系，使依存关系得到精简，更关注于句子的整体结构，进一步降低存储和分析的复杂性，提升了分析器的鲁棒性。在保证浅层结构正确的基础上，能够为更深层次的分析应用打下基础。

北语块依存分析工具对句子"国潮是中华优秀传统文化在当代引发的新潮流。"的块依存分析结果如下。其中，分析结果 1 是只进行组块依存分析，不进行分词词性标注的结果；分析结果 2 是携带分词词性标注的组块依存分析结果。携带分词词性标注的组块依存分析结果如图 2-5 所示。

```
#《分析结果1》
{
"Type":"Chunk",
```

```
"Units":["国潮","是","中华优秀传统文化在当代引发的新潮流","。"],
"POS":["NP","VP","NP","w"],
"Groups":["HeadID":1,"Group":[{"Role":"sbj","SubID":0},
{"Role":"obj","SubID":2}]]
}
#《分析结果2》
{
"Type":"Chunk",
"Units":["国潮/n","是/v","中华/n 优秀/a 传统/a 文化/n 在/p 当代/n
引发/v 的/u 新/a 潮流/n","。"],
"POS":["NP","VP","NP","w"],
"Groups":["HeadID":1,"Group":[{"Role":"sbj","SubID":0},
{"Role":"obj","SubID":2}]]

}
```

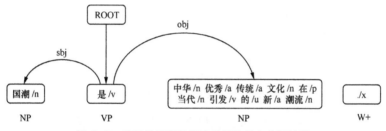

图 2-5　携带分词词性标注的组块依存分析结果

另外，平行语料库的建设还需语料对齐。同样，语料对齐可借助已有的语料对齐工具来完成，国内较为常用的工具有 Tmxmall、Abbyyaliner、Transmate 等，这类工具大多获取简单，上手容易，这里不再赘述。

2.3　BCC 语料库系统

一个能够发挥价值的语料库除了包括高质量的语料，还应该保证用户可以高效便捷地使用语料库，这就涉及语料库系统的建设。语料库系统的建设工作主要包括语料索引和检索语言的设计。语料索引可以帮助用户对语料库数据进行快速搜索，而检索语言承载了语料库系统提供的检索功能，因此，语料索引和检索语言的设计都直接影响用户的使用体验。这种使用体验体现在多个方面，包括对数据规模的支持程度、语料类型的支持程度、响应检索的时空开销、检索式的功能支持、对服务器软硬件的适应性等。BCC 语料库系统在进行语料索引和检索语言的设计时充分考虑了上述因素，获得了较好的用户体验。

BCC 语料库系统具有以下 4 个特点。

1. 支持语言大数据

目前，BCC 语料库系统工具支持建立超大规模语料库系统，单机可以索引的语料规模最大可以支持 64GB（约 320 亿个汉字），实际规模与机器内存相关。

2. 支持多语种检索

BCC 语料库系统工具支持中文、英文、日文等不同语种。

3. 支持多种语料形式

BCC 语料库系统支持生语料、分词和词性标注语料，短语结构树等多种不同形式的语料索引与检索。

4. 支持功能强大的检索

BCC 语料库定义了语法简洁且功能强大的语料库检索语言，不仅具有模式查询和统计功能，支持带有词性的通配符和离合模式查询，还支持二次查询、自定义语料查询等，同时 BCC 语料库还提供了在线统计与在线反馈统计结果的功能。

2.3.1 构建索引

索引是一种能够实现大规模数据快速搜索的技术，它可以将上百 G 存储规模的文件中的查找时间缩短至毫秒级别。语料数据的索引就是提取出语料中的待查询对象，即索引对象，构建从语料查询对象到对象所在句子、段落或文档的关联关系，组织成一定的结构，以支持大规模语料的快速查询。对于大型语料库检索系统而言，一种设计优良的索引能够大幅提升语料库的查询效率，提升语料库检索系统的开发能力。

全文索引是经常使用的一种索引方式，即对文档中每个词进行索引，以词为索引对象构建全文索引，再对全文索引进行搜索。而对于具有复杂查询和知识抽取需求的语料库，索引对象的选定更加多样，索引对象不再局限于词，还应该考虑任何对检索用户有意义的语料内容和数据特征，包括字符、词语、短语、组块等语言单元，以及语言单元属性标记和文档级的属性信息等。这些信息的索引都有可能对语料库的精准查询提供帮助，为越来越复杂的知识抽取任务提供功能支撑。

1. BCC 语料索引

索引是实现大数据快速检索的数据前提，针对不同的检索需求和任务特点，需要对不同的数据对象构建索引。BCC 语料库为了满足用户对检索速度和检索功能的要求构建了语料索引。BCC 语料库综合考虑了语言学本体研究和应用研究的多样性检索和统计需求，对语料库构建了除了全文索引的能够支持历时检索统计、条件限制检索的索引数据，极大地提高了语料库服务的效率和价值。

为了实现语料库的全文检索，对于分词、词性标注语料，BCC 语料库系统不仅提供字检索、字符串检索，同时还提供词性检索、字符和词性组合检索等功能，因此，针对全文检索分别需要以字、词性等语言单元和属性标记为索引对象构建索引。对于组块结构树语料，BCC 语料库系统除了提供字检索、词检索和词性检索等功能，还需支持对语料中组块结构的属性标记和句法结构关系进行查询，因此，还应对语料中的组块结构属性标记进行索引。换句话说，文本语料库的全文索引需要将一个文本的全部内容，包括文本本身的内容和标注信息全部转化为索引。BCC 语料库索引设计始终遵循什么内容具有被频繁查询的需求，就重点对什么内容创建索引。因此，索引单元并不只是字或词，还可以是词性、语法标签、语义标签、框式结构，甚至是它们的组合，具体内容需要根据实际任务的需求和设备资源状况去调整。

为了实现历时检索，BCC 语料库在数据预处理阶段需要保留文本的时间信息，语料的时间标记是构建历时索引的关键。在构建历时索引前，首先对语料按时间分割标记，一般以年为单位，并据此生成一个包含每篇文本行号区间、时间和其他元数据信息的文件，BCC 语料库称之为出处信息文件，该文件具体内容及用法将在本书第 7 章"个性化语料库的构建"中详细介绍。BCC 语料库系统基于该文件和语料内容来计算所有词语在各年和全部时间段的频次、频率、频序与累计频率（覆盖率），形成支撑历时检索服务的后台索引数据，以支持 BCC 语料库的历时查询。

为了实现条件检索，BCC 语料库在数据预处理阶段也保留了语料的元数据信息。BCC 语料库的条件检索是指在检索语言对象时，利用语料库索引的元数据信息进行条件限制。条件索引的索引对象可以是文档级的，例如，作者、出版方、标题等，也可以是句子或段落一级的，例如，语言单元出现在标题句、摘要段或是正文段等信息。BCC 语料库在创建条件索引前同样需要事先将待索引的元数据整理为一个属性信息文件。该文件与语料正文一起送入 BCC 语料库索引引擎，构建条件索引。

2. 开源索引工具

市面上也有不少能够提供索引功能的开源工具，例如，Lucene、Sphinx等。其中，Lucene 是一个最初由全文检索专家 Doug Cutting（道格·卡廷）开发的全文检索引擎工具包，在 2000 年 Lucene 成为 Apache 开源社区的一个子项目。目前，Lucene 已经成为最受欢迎的具有完整的索引引擎和查询引擎的全文检索库之一。像 Solr，ElasticSearch 等大量搜索应用服务器都是在 Apache Lucene 的基础上进行开发扩展的。Sphinx 是一个基于 SQL 的全文检索引擎，由 Georgy Brandl（乔治·布兰德尔）在伯克利软件发行（Berkly Software Distribution，BSD）许可证下开发，可以结合 MySQL、PostgreSQL 做全文搜索，提供比数据库本身更专业的搜索功能。

2.3.2 检索语言

检索语言的设计在一定程度上决定了语料库使用的难易程度和受众面的广度，检索式的书写语法直接影响用户友好性和语料库功能。对于一个语料库检索系统来说，在计算机执行检索操作的过程中，只有当检索输入与系统内部的数据特征标识相匹配，系统才能提供检索所需要的结果。而结果准确与否不仅依赖于检索输入与数据特征标识的匹配程度，而且在很大程度上取决于检索输入规范的描述能力，即检索语言的描述能力。复杂的检索式设计可以支持强大的检索功能，但是会对用户学习和使用造成负担。例如，如果检索系统采用正则表达式的方式来查询，虽然语句标准，但其功能较强，不易理解，不仅需要付出较大的学习代价，而且容易出错。BCC 语料库系统自定义了一套检索语言，在检索功能和使用便捷度之间进行了平衡。

为了实现语料库的基本检索、组合检索和高级检索等功能，BCC 语料库基于同一套索引数据，针对不同的使用场景，设计了交互式查询语言和脚本式编程语言两种检索语言。其中，交互式查询语言具有一定的描述能力，可以描述常见语言现象，适用于普通的语料库检索任务，检索式的书写相对简单，且容易上手，但其对组合检索功能的实现是由系统内核完成的，不在检索式中表示出来。相比之下，脚本式编程语言的描述能力更强，脚本式编程语言可以描述较为复杂的语言现象，适用于复杂的知识抽取任务，组合检索功能通过用户编写脚本来实现，脚本编写灵活，自主性强，但略为复杂，学习成本较高。

1．交互式查询语言

为平衡用户学习成本和检索功能，BCC 语料库设计实现了一种较为简单的语料库交互式查询语言，用以书写检索表达式，用于分词和词性标注语料的查询。选取语料，输入符合 BCC 语料库查询语言语法的检索表达式，即可查询获取符合检索表达式要求的语言片段。

BCC 语料库交互式查询语言主要针对生语料或分词和词性标注语料设计，主要由汉字串（或者词串）、属性符号、通配符、集合符号、离合符号、属性约束符号、空格或 "+" 组成。BCC 语料库交互式查询语言能够进行字检索、词串检索、属性符号检索，以及它们之间的组合查询。在返回结果形态上，BCC 语料库查询语言除了可以支持语言对象的实例查询，也可对语言的对象进行统计，包括共时地频次统计与历时的频次、频率、频序与累计频率等统计形式。本书的第 3 章将对 BCC 语料库交互式查询语言的内容和功能进行更为细致的介绍。

例如，检索离合词：洗澡。当我们想要获取可以插入 "洗澡" 中间的成分时，可以利用 BCC 交互式查询语言进行检索，检索表达式如下。

```
洗～澡
洗＊澡
洗@澡
```

上述检索表达式为 3 种不同的中间成分获取方法。其中，第一种要求中间成分为一个词；第二种要求 "洗" 和 "澡" 离合出现，对插入的中间成分不进行限制；第三种中间成分在统计时以词性的种类进行统计。

2. 脚本式编程语言

随着语言学本体研究及应用研究对知识抽取需求的深入，针对带有各类语法属性功能标记和语法结构信息的深加工语料，BCC 语料库在原交互式查询语言的基础上，又自定义了一种 BCC 语料库脚本式编程语言，用于复杂句法结构树语料的查询。

BCC 语料库脚本式编程语言能够支持像脚本语言一样编写检索脚本，用检索脚本代替之前的检索表达式，既能够满足用户对便捷使用简单检索功能的需求，也能够为用户提供更多样化、更自主的方式构建检索输入，进行复杂知识抽取。BCC 语料库脚本式编程语言在满足原始 BCC 语料库查询语言功能的基础上，增加了对语言对象之间语法结构关系的查询，同时使组合查询、二次查询等功能更丰富，逻辑更清晰，极大地扩展了语料库检索的功能，使检索输入高度灵活且用户可控，BCC 语料库脚本式编程语言的具体内容和用法将在本书第 5 章中介绍。

例如，对于离合词"洗澡"的检索，当检索要求进一步提高，要求指定离合词的句法位置时，需要考察离合使用的"洗澡"在述语块和名词块中的出现情况。

检索表达式如下。

```
VP-PRD[洗*澡]{}Context
```

检索脚本如下。

```
Handle0=GetAS("<洗", "洗", "", "", "", "", "", "", "", "")
Handle1=GetAS("<澡", "澡", "", "", "", "", "", "", "", "")
Handle2=JoinAS(Handle0, Handle1, "*")
Handle3=GetAS("$VP-PRD", "", "", "", "", "", "", "", "", "")
Handle4=JoinAS(Handle2, Handle3, "SameLeft")
Handle=Context(Handle4, -1, 1000)
Output(Handle, 20)
```

检索表达式如下。

```
NP-OBJ[洗*澡]{}Context
```

检索脚本表达式如下。

```
Handle0=GetAS("<洗", "洗", "", "", "", "", "", "", "", "")
```

```
Handle1=GetAS("<澡", "澡", "", "", "", "", "", "", "", "")
Handle2=JoinAS(Handle0, Handle1, "*")
Handle3=GetAS("$NP-OBJ", "", "", "", "", "", "", "", "", "")
Handle4=JoinAS(Handle2, Handle3, "SameLeft")
Handle=Context(Handle4, -1, 1000)
Output(Handle, 20)
```

以上两段检索脚本分别用于获取离合出现的"洗澡"在述语块和名词块中的使用情况。

2.4　BCC 语料库服务

2.4.1　服务对象

在大数据背景下，语言本体研究、语言教学和语言应用研究都离不开语料库的支持。针对语言本体研究者，可以利用大规模语料，对语言现象进行穷尽式考察，可以归纳、完善、验证语言理论或观点，还可以通过实证方法，为语言理论的研究提供数据支撑和量化分析。对于语言教学工作者，语料库可以为其提供真实的语言素材，用于教学内容的制定和讲解，语言现象的分布和频率等信息可以用来指导教师确定哪些是教学重点和难点，使语言教学内容选取和教学实施过程更科学，还可以支撑辞书和教材的编纂。

截至 2021 年年底，在中国知网上检索篇名包含"BCC 语料库"的文章就有 20 篇，主题与"BCC 语料库"相关的文章有 180 余篇，而摘要中含有"BCC 语料库"的文章高达 390 余篇。其中，在标题中含有"BCC 语料库"的文章中大部分与语言本体研究相关，少部分与语言教学相关。中国知网"BCC 语料库"检索结果示例如图 2-6 所示。

而 BCC 语料库作为模型训练知识库，可以为语言模型提供语言特征和概率数据，在语言信息处理各类应用中也起着不可或缺的作用。例如，语言应用研究者可以使用 BCC 语料库的统计功能在已有动宾搭配知识库的基础上，分领域或使用多领域混合语料统计所有动宾搭配在实际语言使用中的频次，计算不同的动词充当动宾词组中心语的概率，计算不同宾语与动词搭配出现的概率，为统计语言模型自动识别句子的动宾搭配提供基础。例如，利用 BCC 语料库在"多领域"频道统计以"吃"为中心语的动宾搭配的频次分布,检索表达式为"吃 n。",加入句号结尾是为了约束词性 n 作"吃"的宾语,而不是作其他成分。检索表达式"吃 n。"在"多领域"频道的频次统计结果如图 2-7 所示。

图 2-6 中国知网"BCC 语料库"检索结果示例

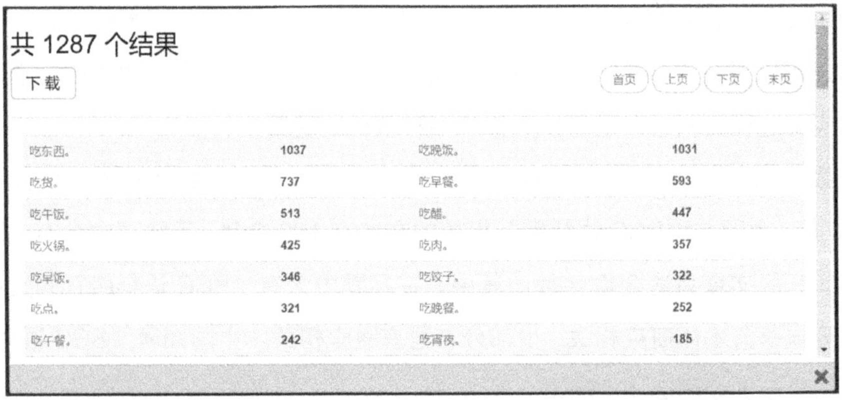

图 2-7 检索表达式"吃 n。"在"多领域"频道的频次统计结果

2.4.2 服务方式

BCC 语料库提供了 3 种语料库服务形式。其中,第一种是网站在线检索,即允许在浏览器内使用 BCC 语料库,访问 BCC 语料库网站,输入检索表达式,以页面形式返回结果。第二种是提供云服务,可以通过编程使用 BCC 语料库的

Web API 来调用 BCC 语料库服务。云服务一般用于 BCC 语料库的二次开发，或者用于利用 BCC 语料库进行语言的应用开发。第三种是以单机软件的形式提供自定义语料库服务。

1. 在线网站

BCC 语料库在线检索依托于在线网站，是基于浏览器和服务器架构实现的服务。网络应用的架构主要有两类：客户端 / 服务器 (Client/Server，CS) 架构和浏览器 / 服务器（Browser/Server，BS）架构。其中，CS 架构是一般的软件系统体系结构，通过将任务合理分配到客户端和服务器端，降低系统的通信开销，可以充分利用两端硬件环境的优势。早期的软件系统多以此作为首选设计标准。BS 架构随着互联网技术的兴起，是对 CS 架构的一种改进结构。在这种结构下，客户端主要是万维网（World Wide Web，WWW）浏览器，核心事务逻辑主要在服务器端实现，简化了系统的开发、维护和使用。通用浏览器可以实现原来需要复杂专用软件才能实现的客户端功能，还可以实现跨平台、客户端零维护，在一定程度上节约了开发成本。

因此，BCC 语料库在线检索选用 BS 架构实现，在浏览器内打开 BCC 语料库官网，输入检索表达式，单击搜索，结果在网页中返回。BCC 语料库在线服务建立在广域网之上，不需要依赖专门的网络硬件环境，例如，电话上网、租用设备、信息管理等，其可用性更高，在任何时间、任何地点、任何系统，只要可以使用浏览器接入互联网，用户就可以使用 BCC 语料库。

BS 架构如图 2-8 所示。BCC 网站主要由 nginx 服务器、PHP 服务器、mysql 服务器，以及语料检索服务器 4 个部分构成。语料检索服务器也称为内核服务器。BCC 语料库服务器集群架构如图 2-9 所示。

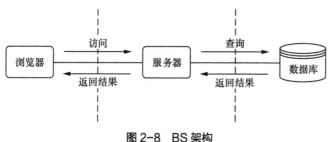

图 2-8　BS 架构

由于 BCC 语料库在线检索服务的公开性、共享性，受众范围较广，对安全与访问速度的要求也相对更高。为了保证服务器的稳定性和可靠性，减少多用户环境下服务器的宕机概率，BCC 语料库的服务器平台应用了冗余技术、系统备份、在线诊断、故障预报警、内存纠错、热插拔、远程诊断、恶意爬虫检测等信息技术。经过多年的实践和该平台的不断优化，绝大部分突发故障能够在不停机的情况下得到及时修复。

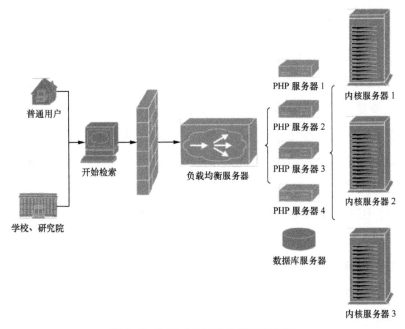

图 2-9　BCC 语料库服务器集群架构

2. 云服务

BCC 云服务是指通过网络以动态、易扩展的方式提供的语料库服务，用户可以根据需求调用 Web API 来使用 BCC 语料库，并可在 BCC 语料库检索功能的基础上进行自定义扩展。例如，进行二次开发或者进一步在 BCC 语料库检索结果之上进行统计分析、二次检索、数据挖掘、有序存放等操作。

BCC 语料库云服务通过提供语料库服务所在主机 IP、服务端口及可通过网络访问的 API 来实现与用户的交互，面向的用户群体通常需要具有一定的程序设计语言基础，能够利用程序设计语言在 BCC 语料库云服务提供的 Web API 基础上编写接口调用脚本，并向 BCC 语料库云服务器发起检索请求，接收服务端返回的结果，自行处理。用户访问 BCC 语料库云服务不需要经过其他服务器中转，例如，nginx 服务器、PHP 服务器等，而是直接与 BCC 语料库检索服务器上的语料库服务进行交互，调用的是 BCC 语料库系统提供的 API。检索用户与 BCC 语料库云服务之间的交互框架如图 2-10 所示。

3. 单机软件

单机软件通常是指在单台设备上使用的软件，软件使用过程中一般不需要连接网络。与 CS 架构的网络版软件有所不同，单机软件只在当前设备上使用，因此，可以规避其他网络

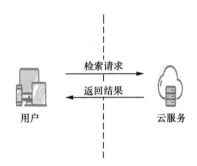

图 2-10　检索用户与 BCC 语料库云服务之间的交互框架

用户的非法接触和网络数据传输产生的延迟。使用结束后退出软件即结束进程，单机软件不再提供服务，个人用户的可操作性较高。同时，单机软件的私有性较强，数据一般存储在机器的本地磁盘上。因此，其缺点也比较明显，不利于进行团队协作，单机软件对本地计算机造成的压力也较大，一旦本地计算机硬盘出现故障或者计算机中了病毒，很可能造成数据丢失或损坏。

BCC 语料库单机软件是基于 BCC 语料库系统提供的 API，在此基础上进行图形界面开发，构建用户定制化的单机软件。然而，尽管单机软件能够提升语料库的自定义程度，但鉴于本地计算机的硬盘空间和处理能力有限，而语料库建库容量越来越大，分析越来越复杂，大量语料需要直接从网络中获取或上传保存到网络中，单机软件转向网站应用的趋势越来越明显。

2.4.3　使用方式

BCC 语料库提供了不同的服务形式，相应地，用户可以通过不同的方式使用 BCC 语料库，具体包括网站检索、云 API 检索、离线检索 3 种。

1. 网站检索

网站检索是使用最便捷、用户面最广、用户门槛最低的一种使用方式。这

种方式对所有网络用户公开，在具体使用时没有时间和空间限制，对用户机器配置的要求较低，只要能够连入互联网即可检索使用 BCC 语料库。

使用网站检索这种方式，可以在 BCC 语料库首页左上方选择汉语语料检索或词典检索。BCC 语料库汉语语料检索或词典检索界面如图 2-11 所示。汉语语料选项下提供了不同领域语料的频道选项。如果想在某个频道中做更细化的查询，可以选择"自定义"搜索。BCC 语料库"自定义"搜索界面如图 2-12 所示。在"自定义"选项下，用户可以自由选择检索的语料库范围。当用户选择一个子语料时，页面会给出该子语料库的语料规模，后续检索也会限定在该子语料库中进行。详细的 BCC 语料库网站功能将在本书第 8 章中介绍。

图 2-11　BCC 语料库汉语语料检索或词典检索界面

图 2-12　BCC 语料库"自定义"搜索界面

2. 云 API 检索

编写程序脚本调用 BCC 语料库云服务提供的 Web API 完成检索，需要在程序中实现能发送Web 请求并接收服务端响应的代码模块，并预先获知 BCC 语料库服务器所在的主机 IP 和服务端口，以及 API 的名称和参数格式。向 BCC 语料库云服务发送Web 请求的脚本示例如下。其使用的是 Python 语言编写程序，该脚本使用了 requests 库来完成Web 请求发送和接收功能，脚本中调用的 Web API 是 "/OpenFreq"。该接口用于对 "$Inp" 变量所表示的检索表达式内容实行查询统计，并返回检索表达式的匹配实例及统计频次。

```
# -*- coding: utf-8 -*-
import requests

def OpenFreq():
    query  = '(d) (v){$1=[P_否定];print($1 $2)}'
    url = "http://IP:port/OpenFreq?input="+query+"&param1=xxx&p
    aram2=xxx"
    res = requests.get(url)
return res.text

if __name__ == '__main__':
    res = OpenFreq()
    print(res)
```

除了使用程序设计语言编写脚本来调用 BCC 语料库的 Web API 完成检索，也可以直接在命令行窗口使用文件传输工具来调用 BCC 云服务的 Web API，实现相同的检索功能。例如，Curl 与以上检索脚本功能实现相同的功能的 Curl 命令如下。

```
Curl -G -d "input=(d) (v){$1=[P_否定];print($1 $2)}&param1=xxx&
param2=xxx"
http://IP:port/OpenFreq
```

3. 离线检索

离线检索方式需要借助 BCC 语料库工具包和已经构建完成的语料索引共同完成。BCC 语料库工具中检索引擎除了向外提供了可供网络调用的 Web API，还定义了一系列能够完成索引、检索、统计、信息查看等需求的离线命令格式。使用 BCC 语料库工具包，指定对应的命令参数，载入索引数据和检索表达式文件，即可完成语料库的离线检索。离线检索的命令格式如下。

```
BCC.exe -as config_file task_file  idx_path
```

上述命令行中每列的具体含义如下。

第一列：BCC 语料库工具。

第二列：指定语料库工具的服务类型为离线检索。

第三列：配置文件（配置文件内容将在本书第 7 章中详细介绍）。

第四列：检索式文件，文件中包含了需要抽取的检索表达式。

第五列：索引数据所在目录。

离线检索通常用于批量的语言知识抽取，可以在一次加载索引后完成对检索表达式文件中所有检索式的查询，检索结果不需要通过网络传输，直接保存在本地磁盘。这种方式能够减少大规模网络数据传输带来的效率问题，但对设备的存储空间要求较高，包括加载存放索引数据所需的内存空间和批量检索在短时间内产生的大量结果存放所需的磁盘空间。如果索引数据较大，例如，几十 GB 或上百 GB，则通常需要在服务器级别的机器上才能实现批量离线检索。因此，这种方式适用于具有充足机器资源，同时有大批量知识抽取需求的人群。

第 3 章
BCC 语料库交互式查询语言

3.1 概述

BCC 语料库提供了书写检索表达式的功能，用户可以直接使用检索表达式实现语料库查询，本书将其称为 BCC 语料库交互式查询语言，以下简称为 BCC 交互式查询语言。

BCC 交互式查询语言的设计与语料形态密切相关，BCC 语料库现阶段支持的语料形态主要分为序列语料和结构树语料两类。其中，序列语料是指生语料、分词和词性标注语料。分词和词性标注语料示例如下。

```
星星/n ，/w 是/v 夜空/n 的/u 花朵/n 。/w
焰火/n ，/w 是/v 节日/n 的/u 花朵/n 。/w
```

BCC 语料库现阶段支持的结构树语料类型仅限于句法结构树语料。句法结构树语料是指对句子进行句法结构分析。例如，短语结构句法分析形成的标记了句子语言单元的性质、功能以及语义信息，同时体现了语言单元之间语法关系的树状结构语料。BCC 语料库中句法结构树语料的树形图示例如图 3-1 所示。

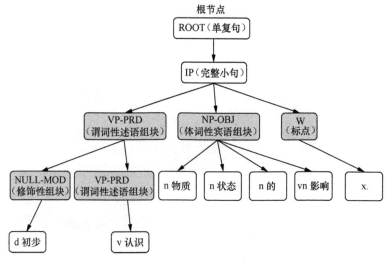

图 3-1 BCC 语料库中句法结构树语料的树形图示例

3.2 交互式查询语言设计

针对不同的语料形态，BCC 语料库交互式查询语言需要满足不同的检索需求：对于生语料，需实现字符或字符串检索；对于分词和词性标注语料，需支持字符、词语、词性等基本语言单元和语言特征的检索；对于句法结构树语料，除了字符、词语、词性等基本内容特征，还需满足对句法属性、句法结构关系等内容和形式特征的查询。本章将从语料形态的角度讲解 BCC 语料库交互式查询语言的语法规则和功能。

3.2.1 序列语料的检索式组成

BCC 语料库交互式查询语言书写的检索表达式由查询对象、限制条件和功能操作 3 部分构成，示例如下。

```
Query{Condition1;Condition2;......}Operation
```

上述示例中，Query 为查询对象，{ } 括号内的内容为限制语句，Operation 为功能操作。

1. 查询对象

其中，Query 是查询对象，是对基本检索内容的描述，主要由汉字串（或者词串）、词性符号以及一些特殊符号组成。查询对象 Query 中的特殊字符说明见表 3-1。

表 3-1 查询对象 Query 中的特殊字符说明

符号类型	符号	作用	示例
通配符	.	表示一个汉字或一个符号，可重复使用	"洗 ... 澡"表示"洗"和"澡"之间有 3 个字
	~	表示一个词	"洗~澡"表示"洗"和"澡"之间有一个词
	@	表示一个词性	"洗 @ 澡"表示"洗"和"澡"之间有一个词，在统计时，按照 @ 所代表词的词性进行归并统计
集合符	[ ]	表示方括号内的内容为"或"的关系	"v[上来 下去]"，表示检索动词后面接着"上来"或者"下去"
限定符	( )	用于标出 Query 中的限定内容	"吃 (n){$1=[食堂 外卖]}"，表示检索"吃"后面接"食堂"或"外卖"的实例

续表

符号类型	符号	作用	示例
离合符	*	用于查找离合情况	"洗 * 澡"表示检索"洗"和"澡"离合出现的情况
分隔符	空格和 +	分隔作用，对搜索结果无影响	"v n"或"v+n"表示检索一个动词和名词前后出现的情况

2. 限制条件

{} 括号内的内容为限制语句，Condition 是对查询对象 Query 的限制条件，多个限制条件之间用分号";"分隔。Query 中被限定的部分需要用 ( ) 括起来，一个 Query 中被限定的成分只能有两处，即只能出现 2 个 ( )。根据 ( ) 出现的顺序，使用 $(美元符) 符号和序号指代，在限定语句中使用，即 $1 表示第一个 ( ) 括起来的内容，$2 表示第二个 ( ) 括起来的内容，在 BCC 语料库查询语言中，被称为默认变量。

{ } 中的限定语句可以包含多个限定条件，限定条件由默认变量（$1、$2）、比较运算符（大于号、小于号、等于号、不等号）、内容限制操作符、长度限制操作符等部分组成，用于限制范围、内容、长度、位置等对象。例如，检索"打击"后接一个单音节名词，检索表达式可以写为"打击 (n) {len($1)=1}"。该检索可用于研究"打击"后接单音节名词的语言实例。在 BCC 语料库中，序列语料交互式检索式中的限定条件类型见表 3-2。

表 3-2　序列语料交互式检索式中的限定条件类型

类型		描述
内容限制	$1=[ ]	定义 $1 中为 [ ] 中的内容。集合中的内容相互独立，可以是某个词语、词类、语块类语词块表
	$1!=[ ]	限制 $1 中的内容不属于 [ ] 中的元素
	$1=$2	$1 与 $2 的内容相同
	$1!=$2	$1 与 $2 的内容不同
	beg($1)=[ ]	限制 $1 指代的内容以"[ ]"内的元素为开始
	beg($1)!=[ ]	限制 $1 指代的内容不以"[ ]"内的元素为开始
	end($1)=[ ]	限制 $1 指代的内容以"[ ]"内的元素为结束

续表

类型		描述
内容限制	end($1)!=[ ]	限制 $1 指代的内容不以"[ ]"内的元素为结束
	mid($1)=[ ]	限制 $1 指代的内容包含"[ ]"内的元素
	mid($1)!=[ ]	限制 $1 指代的内容不包含"[ ]"内的元素
频次限制	count>n	限制实例的频次大于 n
	count<n	限制实例的频次小于 n
长度限制	len($1)=$n$	限定 $1 的长度等于 n
	len($1)!=$n$	限定 $1 的长度不等于 n
	len($1)>$n$	限定 $1 的长度大于 n
	len($1)<$n$	限定 $1 的长度小于 n
	len($1)=len($2)	限定 $1 的长度等于 $2 的长度
	len($1)!=len($2)	限定 $1 的长度不等于 $2 的长度

注：表中的 $1 和 $2 可以互换。

3.2.2　结构语料的检索表达式组成

针对结构语料，BCC 语料库交互式查询语言书写的检索表达式由查询对象、限制条件以及功能操作 3 个部分构成，示例如下。

```
Query{Condition1;Condition2;......}Operation
```

1. 查询对象

Query 是查询对象，同样也包括汉字串（或者词串）、词性符号及一些特殊符号。这些特殊符号的类型和作用与序列语料的 Query 一致。另外，结构语料的 Query 还包括结构语料中的短语、组块或更高一级语言单元的语法标注信息，例如，短语结构标注语料中短语结构的句法属性标记信息。BCC 语料库组块结构语料句法属性标记集见表 3-3。在 Query 中，这些属性标记的描述方式与词性标记不同，此类标记符号的书写形式为"标记符号 [单元内部描述]"，单元内部描述方式与序列语料的查询对象书写规则一致。例如，检索一个动词后紧接着一个体词性组块，且该体词性组块以"体系"一词结尾，检索式可以写为"v

NP-OBJ[＊体系]"。

表 3-3　BCC 语料库组块结构语料句法属性标记集

属性标记	标记说明
VP-PRD	谓词性述语组块
VP-SBJ	谓词性主语组块
VP-OBJ	谓词性宾语组块
NPRE	名词谓语
NP-SBJ	体词性主语组块
NP-OBJ	体词性宾语组块
NULL-MOD	修饰性组块
NULL-CON	衔接组块
NULL-AUX	辅助组块
ROOT	单复句
IP	完整小句
HLP	独词句或片段
W	标点

2. 限制条件

结构语料检索式的限定语句可以由对默认变量的约束、语料区间约束和文档属性约束 3 类限定条件组成。

对默认变量的约束由默认变量、比较运算符、内容限制操作符、长度限制操作符等组成，主要对限定对象的范围、内容、位置、长度等进行限制。与序列语料检索式中提及的 $1 和 $2 相比，这里的默认变量还包括 $3、$B、$E 和 $Q。其中，$3 是 Query 中第 3 个小括号 ( ) 捕获的查询片段，是出于对结构语料复杂查询的限定需求而设置的，其作用与 $1 和 $2 类似；$B 表示 $Q 左侧窗口的语言片段；$E 表示 $Q 右侧窗口的语言片段；$Q 表示整个查询对象，也就是 Query。需要说明的是，$B、$E 和 $Q 不依赖于 Query 中是否有小括号限定，每个检索式都可以在限定语句中使用这 3 个默认变量。除了频次限制，其他针对默认变量的限定条件类型和序列语料下的一致。

语料区间约束用于设置检索式的语料查询区间，可以设置 0 个或多个区间。

BCC 语料库交互式查询语言提供了 AddLimit 和 ClearLimit 两个保留关键词来设置语料检索区间的约束，约束使用的区间指标需要通过 BCC 语料库工具预先从索引数据中导出，语料区间指标的含义和导出方式将在本书的 7.2.2 小节的"导出历时区间"中说明。语料区间限制的使用方式形如"AddLimit(区间下界指标，区间上界指标)"。其中，区间上下界是一个整数值，使用"ClearLimit( )"即可取消所有的语料区间约束。例如，检索"发展"一词在 1978 年《人民日报》语料中出现情况的统计结果，这里假设这部分语料在索引数据中的上下界指标区间为 [10000，50000)，则检索表达式可以写为"发展 {AddLimit(10000，50000)}Freq"。

文档属性约束中的"文档属性"是指构成语料的文档所具有的属性信息，例如，作者、发表时间、出版时间等。当对结构语料的文档属性信息构建了索引，在限制语句中即可设置属性约束条件，对查询对象 Query 进行属性约束，例如，检索"青年"一词在 1918 年的鲁迅作品语料中出现的统计结果，检索表达式可以写为"青年 {YEAR=1918;AUTHOR= 鲁迅 }Freq"。对于结构语料，在索引阶段进行索引的属性信息，均可作为限制语句中的限制条件使用。

3. 功能操作

结构语料检索式的第 3 部分 Operation 是功能操作。功能操作用来指定将检索式用于实例检索、频次统计或历时检索，分别由 Context、Freq 和 Count 来表示。例如，检索双音节动词 v 的所有实例，检索式可以写为"(v){len($1)=2}Context"。

3.3　交互式查询语言功能

3.3.1　基本检索

BCC 交互式查询语言支持的基本检索功能包括字符检索、属性检索和符号检索。

其中，字符检索的检索表达式由一个或多个连续字符构成，是最简单、使用频率最高的检索表达式之一。为了满足对各类熟语料中语法属性标记信息的查询，BCC 交互式查询语言利用词、短语、组块等不同层级语言单元的属性标记符号实现属性检索，区别于字检索和属性检索的完全匹配。BCC 语料库引入了符号检索，利用具有特殊含义的符号实现通配符查询、词性约束查询和距离限制查询等，以满足用户更加广泛的查询需求。

1. 字符检索

字符检索的检索根据字符类型的不同分为汉字串检索和英文串检索两种，检索式可以是单个的字符，也可以是多个连续字符组成的字符串。

（1）汉字串检索

对于汉语语料，检索对象可以是字、词、汉字串等连续出现的字符串。例如，检索表达式"与其说是"，检索并返回包含汉字串"与其说是"的实例。检索表达式"与其说是"的检索结果如图 3-2 所示。

关呢。她在马路上慢慢地走着，忽然决定要去看看她那孩子，其实，**与其说是** "决定"，不如说是她忽然发现了她一直有这意念。所以出来得特别早

一样。最后来到佛罗里达的是里克·凯伦兹，他住在基韦特，所以**与其说是** "来到"，不如说是一回到"更准确，虽然他是海洋科学研究所的所长

"想好的是据理力争，小玉的腔调却怎么么"力"不起来。最末一句**与其说是** "争"，倒不如说是"呼"了。小玉提起的是一段往事。那是岳鹏程刚

我保证您一定会喜欢这里的一切——而且这饭馆还有一个传统——**与其说是** "传统"还不如说是"规定"玛格丽特小姐的蔬菜沙拉里有生菜、西红

图 3-2　检索表达式"与其说是"的检索结果

对于汉语语料，字符检索的检索表达式不需要给出分词信息，检索表达式中出现的空格和分隔符（"+"）会被过滤，整个检索式被当作一个连续的字符串进行检索。例如，检索表达式"提高 水平"或"提高 + 水平"，等同于"提高水平"。

（2）英文串检索

英文串检索时，BCC 语料库按照英文单词的原始形态进行匹配查询，不对单词的形态做处理，区分大小写。例如，检索表达式"Make"，只会返回包含"Make"的实例，不会获得"make"或"making"的实例。

检索汉语语料库时，由英文字符组成的检索式同样也按检索式中单词的原始形态进行匹配。但 BCC 语料库汉语语料中不保留空格，且汉语语料库的检索表达式中的空格会被过滤掉，因此，使用像"Make It Happen"这样的检索表

达式无法获得包含"Make It Happen"的语言实例，而是将其作为一个整体字符串检索。检索表达式"Make It Happen"的检索结果如图 3-3 所示。

要热情，有活力。但只有傻得死亡，才能活得精彩。1.付出实践 **MakeItHappen** 2.充满激情Passion3.敢于尝试Try4.全力拼搏

《中央舞台》《名扬四海》《妈妈咪呀》《友胶》《热力四射》**MakeItHappen**《灰姑娘之舞动奇迹》《芝加哥》《西区故事》《舞出我人生123》

《中央舞台》《名扬四海》《妈妈咪呀》《热力四射》**MakeItHappen**《人工智能》《天作之鱼》《这个杀手不太冷》《人狗奇缘》《玛丽》

少年！祝宝宝们健康快乐o《乔丹的十条人生信念 付出实践 **MakeItHappen** 2.充满激情Passion3.敢于尝试Try4.全力拼搏

发育得好快！播放的广告总是那么的积极向上，欢乐美好。 **MakeItHappen** 受访者是大学生而外国的大学生晨边的是中国留学生

图 3-3　检索表达式"Make It Happen"的检索结果

2. 属性检索

BCC 语料库交互式查询语言利用标注语料的属性标记符号实现属性检索，属性符号包括词、短语、组块、小句等不同层级语言单元的语法标记符号。例如，词性符号、短语属性功能符号、组块性质功能符号等，这些符号与语料标注的内容和标注体系相关。目前，BCC 语料库中的属性符号主要包括分词和词性标注语料中的词性符号和组块结构标注语料中的句法属性功能符号。

（1）词属性检索

词属性检索主要是指词性检索，即使用语料中标注的词性标记符号进行检索。除生语料，BCC 语料库的分词和词性标注语料和组块结构树语料都支持使用词性进行检索。其中，分词和词性标注语料采用的是北京大学的词性体系。词性符号的说明见表 3-4，组块结构树语料则大部分采用了 jieba（结巴）词性标记体系。

表 3-4　词性符号的说明

词性编码	扩展编码	词性名称	词性编码	扩展编码	词性名称	词性编码	扩展编码	词性名称
ag	AG Ag	形语素	I	i	成语	o	O	拟声词
a	A adj	形容词	j	J	简称略语	p	P	介词
ad	Ad AD	副形词	k	K	后接成分	q	Q	量词
an	An AN	名形词	l	L	习用语	r	R	代词
b	B	区别词	m	M	数词	s	S	处所词
c	C	连词	ng	Ng NG	名语素	tg	Tg TG	时语素

续表

词性编码	扩展编码	词性名称	词性编码	扩展编码	词性名称	词性编码	扩展编码	词性名称
dg	DG Dg	副语素	n	NOUN noun Noun N	名词	t	T	时间词
d	D	副词	nr	Nr NR	人名	u	U	助词
e	E	叹词	ns	Ns NS	地名	vg	Vg VG	动语素
f	F	方位词	nt	Nt NT	机构团体	v	V	动词
vn	Vn VN	名动词	w	W	标点符号	x	X	非语素字
y	Y	语气词	z	Z	状态词	un	Un UN	未知词
H	h	前接成分	G	g	语素	nz	NZ Nz	其他专名
vd	Vd VD	副动词						

为了便于检索式的书写，对于同一词类，BCC 语料库交互式查询语言支持使用多个表达相同词类含义的词性符号来表示，例如，"v""V""verb""Verb""VERB"等不同词性标记符号均可以用来表示动词词性，检索式"verb"和"v"在 BCC 语料库中得到相同的查询结果。检索式"verb"和"v"的查询结果如图 3-4 所示。

<table>
<tr><td colspan="4">在 多个域 中查询'verb'</td></tr>
<tr><td colspan="2">词云显示   列表显示</td><td></td><td></td></tr>
<tr><td>是</td><td>311824</td><td>有</td><td>265699</td></tr>
<tr><td>要</td><td>142588</td><td>说</td><td>118931</td></tr>
<tr><td>看</td><td>105131</td><td>看到</td><td>73501</td></tr>
<tr><td>回复</td><td>73001</td><td>想</td><td>72401</td></tr>
<tr><td>还有</td><td>63669</td><td>来</td><td>62816</td></tr>
<tr><td>没有</td><td>60819</td><td>无</td><td>58604</td></tr>
</table>

图 3-4　检索式"verb"和"v"的查询结果

出于检索效率的考虑，BCC 语料库交互式查询语言现阶段最多支持在同一个检索式中出现两个连续的词性符号，暂不支持 3 个及以上的连续词性符号的查询。当检索式中出现两个连续的词性符号时，需使用空格或者加号"+"将词性分隔开，例如，检索一个动词 v 后紧跟一个名词 n，检索式可以写为："v n"

或“v+n”。检索式“v n”或“v+n”的检索结果如图 3-5 所示。

落”；如《钟声》：“时而悠远/时而凝滞/时而缠绵/时而庄严/ **听钟** 的人从钟声里/听出诸多玄机//云山雾海之中/撞恰如诗人李小雨

杨玉环在御园里醉酒耍颠，小家碧玉孙玉姣在大街上“卖雄鸡”、“ **拾玉镯** ”；红娘在普救寺的西厢之下；小尼姑在山上的禅堂里 ……

要坚持下去，绝不能半途而废。为此，必须认真做好以下工作：—— **发挥党组织** 的作用，充分走群众路线，揭露矛盾，分清是非，解决问题

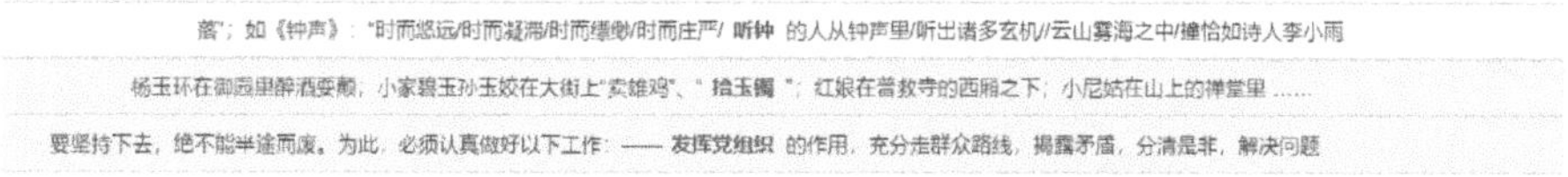

图 3-5　检索式“v n”或“v+n”的检索结果

如果“v”与“n”之间没有空格或加号分隔，则检索式表示的是检索动名兼类词“vn”，而不是两个词性连续出现的情况。检索式“vn”的检索结果如图 3-6 所示。

“家庭是社会的细胞，振华书记倡导在全市开展‘文明新风户’ **活动** ，评比活动以镇为单位，设立‘新风杯’，有十项八十二条考核标准，

迄今，已有10多个省、市20多家企业邀请CH—784 **防腐** 涂料主要发明人唐功麒工程师去帮助施工“治病”。

从侧面印证了我国社会治安越来越好的事实。　信息技术+ **合作** 理念=战斗力跃升，通过信息手段破案率平均40%

在自己家里开通了我国第一条“心理救援”热线。这条被称为“ **救命** 电话”的热线到底挽救了多少人的生命，不得而知，只知道去年有位

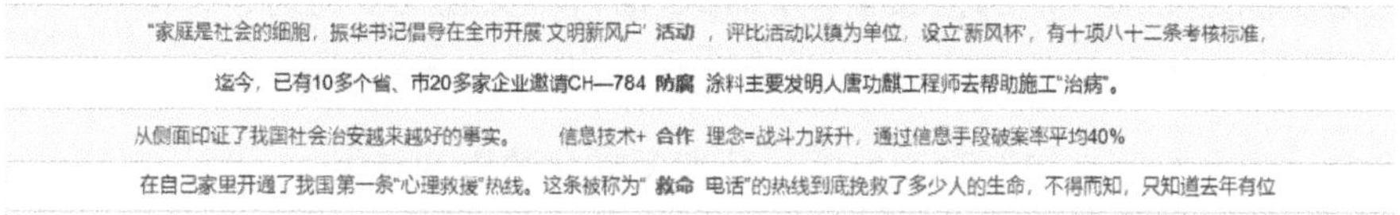

图 3-6　检索式“vn”的检索结果

如果使用两个连续的词性符号仍不能满足对较长语言现象的查询需求，例如，想要检索“人名 + 动词 + 数词 + 量词”的语言实例，则可以考虑将检索式中间的某个词性换成具体的词或词的集合，例如，将检索式写为“nr+[说 吃 看 是 有]+m+q”。词性符号的说明见表 3-4。其中，动词集合可提前通过动词词性检索获得，该检索式也可以从语料库中获取大致符合要求的检索结果。

（2）组块属性检索

针对结构语料，BCC 语料库交互式查询语言支持使用结构语料中句法属性标记实现属性检索。需要说明的是，表 3-3 已经列出了 BCC 语料库组块结构标注语料中的属性功能标记符号集。当用户使用此类属性标记符号检索语料库时，书写形式为“属性符号 [单元内部描述]”。例如，可以使用检索式“VP-PRD[* 吃]{ }Context”，从 BCC 语料库组块结构标注语料中检索谓词性述语组块的使用实例，且该述语块以汉字“吃”为尾字符。检索式“VP-PRD[* 吃]{ }Context”的检索结果如图 3-7 所示。

内容	指标
吃	551
不吃	10
想吃	7
边吃	6
黄河冰上吃	6
不能吃	6
去吃	4
要吃	3
能吃	3

图 3-7　检索式"VP-PRD[* 吃]{ }Context"的检索结果

3. 符号检索

为了满足更加广泛的检索需求，BCC 语料库交互式查询语言借助几个具有特殊含义的符号实现区别于完全匹配的检索功能。符号检索通过使用通配符、集合符、离合符等来控制查询力度，获取多样化的查询结果。

（1）通配符

与属性符号相比，通配符能够表示更宽泛的语言单元，说明某个位置是任意一个汉字或词语。BCC 语料库交互式查询语言支持 3 种通配符："."、"～"和"@"。这些通配符通常与字符检索、属性检索等检索式组合使用。

① "."

在 BCC 语料库交互式查询语言中，检索汉语语料库时，"."表示任意一个字符；检索其他语种的语料库时，"."表示一个单词。在同一个检索式中可以出现多个"."。

例如，字符串与通配符"."组合形成的检索式"吃 .. 饭"，表示检索"吃饭"中间插入任意两个字符的实例。检索式"吃 .. 饭"的检索结果如图 3-8 所示。

打一个电话就怎么样。但卖文涛说，根本想不起那人来了。只要跟你 吃一次饭 ，他说他跟你熟得不行。他愿意炫耀，作为生活的一个资本

女人宅在家里，看看书，上上网，时而各自忙叨，时而嬉戏打闹 吃什么饭 都无所谓，只因为是这个人！另一种，在我有钱之后，开个咖啡厅或者

. 我的愿望就是结束了一天的学习和工作，希望可以跟朋友美美地 吃一顿饭 ，开开心心地放松一下，不要自己孤单一个人。当然如果能有一个 IP

商，分明才两岁进说~人家今年刚刚十八~中午太幸福，吃太多肉，吃太多饭 ，现在肚子都还不饿，晚上宵夜当晚饭啦！！嘻嘻，……会友对他喜欢

抖擞，打起精神校文稿。去日月光交订金，今年跟爸妈去百合福 吃团年饭 了我要有钱，我就不上班了，满世界旅游去……

图 3-8　检索式"吃 .. 饭"的检索结果

② "～"

"～"是汉语语料库专用符号，表示任意一个词，其他语种的语料库则是使用通配符"."来表示任意一个词，而"～"只作为普通符号使用。对于汉语语料库，BCC 语料库交互式查询语言规定该符号只能在同一个检索式中出现一次，否则会将多出来的通配符当作普通字符来处理。通常，通配符号"–"与字符检索或者属性检索组合使用。

字符串与通配符号"～"组合构成的检索式"吃～饭"，表示检索"吃"后接任意一个词再接"饭"的语言实例。检索式"吃～饭"的检索结果如图 3-9 所示。

比的……两人边说边走，到村边时天已黄昏，暖暖正要同老人晚上想 **吃晚饭** ，却忽听村中传出了吵嚷声，同时看见村里人都在向青葱媛家的方向跑

去乐一阵。"明秋谷道："同兴堂的饭局呢？"殷小石道："谁要 **吃那种饭** ？就要到，也是敷衍一下面子，凄寒热闹。今天他请的人很多

针倒过来播了播头发，露出那腼腆的样子，微笑道："二小姐，我们 **吃人家饭** 的人，只能东家叫怎么就这么。"二小姐是明白人。"曼桢道"我知道

揿开锅一看，是野菜拢玉米糊，他一面向碗里盛着一面哺哧着说："**吃这种饭** ，连人家猪食都不如！"老气说："街上有的是烧饼油条，就是没钱！"

脸上的内心字幕："别管你是堂堂一厂之长，可只是一个守多大碗 **吃多少饭** 的本分角色，一个守株待兔的人，要不是别人，你的女儿能出国？"

可一个小萝卜头，有什么用，所以还是应该安分守己，端多大碗，**吃多少饭** "他又打开了那部处世哲学的新版本，得意洋洋地宣讲。

图 3-9　检索式"吃～饭"的检索结果

由字符串、属性标记与通配符号"～"组合形成的检索式，"w 吃 ～ w"表示属性符号 w(标点符号)，后接"吃"再接任意一个词，再接属性符号 w(标点符号)的情况，即检索"吃"后接任意一个词并单独成小句的实例。检索式"w 吃 ～ w"的检索结果如图 3-10 所示。

爱吃，我现在没有牙，吃不动，以后就能吃。还有许多，找们先放着，**吃多少**，剩多少，以后千万不要再有东西了。陈晓杰在不愿多吃，他觉得累，这

的老婆叫莫春者，虎头虎脑了女儿一巴掌，"有你的，你才吃，没和的，**吃啥** ?"说刚就不是耗里的事了，巧妇难言大病，也终的一声笑了。鼻梢的老

再儿怕怕不消化，地成，"宝贝乖乖。地减，"说贝乖乖乖，**吃什么** ?"爷"吃瓜，"说吴姑娘太友，第一回注意到脱别使用的芽子，

七巧身子一向娇嗔，只因她被姜芝寿得了肺痨，只巧谏娇乔脉倦腻，吃这个，**吃那个**，他的？，家又累不得，比寻常分手多事了一些细，自己一隆气愁出病了

福祸需的逼里粥，可好吃呢，你不是常吃起鼠吗？"吃清炖，**吃那个** ? 什么也不用多，我看怕的，比油什么就特，朝东西再绸还敲撂这红紫

截止目前为止，还是用自己搅起吃吃噌，尤属何宝想不孝气的肚子，**吃多少**，拉多少，等干花钱笑了一排习惯性使泡的毛病，真是又伤心，又枉涯

出戏，叫《倔强娃太子》，说谢吃谢谷的，何淑不挑食，给什么，**吃什么**，挺捆脑子人间日并芸，都让人满意的，养我只大嘴猫猫和它的儿女，非

图 3-10　检索式"w 吃～ w"的检索结果

③ "@"

在 BCC 语料库的各子语料库中，"@"表示任意一个词。该符号往往用于统计功能，即统计该位置对应不同词性出现的频次，如果用于检索实例，则作用与"～"相同。BCC 语料库交互式查询语言规定表示任意词的通配符（"～"

和 "@") 只能在检索式中出现一次, 当出现多次时, 多余部分当作普通字符处理。通常, "@" 也与字符串检索或者属性检索组合使用。

字符串、属性标记与通配符号组合形成的检索式 "w 吃 @w", 在检索实例时, 结果同 "w 吃～ w" 一致, 二者不同的是, 检索式的统计结果。检索式 "w 吃 @w" 和 "w 吃～ w" 的统计结果如图 3-11 所示。

'吃过'	47	吃吧	21	w+吃+v+w	90	w+吃+u+w	29
'吃的'	14	吃吧	14	w+吃+r+w	24	w+吃+a+w	12
'吃了'	14	吃吧	14	w+吃+Ng+w	5	w+吃+Ag+w	3
'吃饭'	13	吃吧	13	w+吃+n+w	1	w+吃+Vg+w	1
'吃惊'	11	'吃吧	10	w+吃+PU+w	0	w+吃+Qg+w	0
'吃了	9	吃吧	9	w+吃+t+w	0	w+吃+Tg+w	0
'吃了	8	吃过什么	7	w+吃+Rg+w	0	w+吃+VV+w	0
'吃什么	6	'吃吧	6	w+吃+P+w	0	w+吃+Yg+w	0
'吃吧	5	吃吧	4	w+吃+Mg+w	0	w+吃+NN+w	0

图 3-11 检索式 "w 吃 @w" 和 "w 吃～ w" 的统计结果

（2）集合符

BCC 语料库交互式查询语言引入了集合符号 "[ ]", 在集合符号 "[ ]" 内, 可以写多个汉字、词语或者词性, 元素项之间用空格分隔, 检索式的检索结果可以对应集合内任意一项。集合可以与其他基本检索式组合使用, 也可以单独构成检索式使用。

例如, 检索式 "[美丽 漂亮]" 表示检索包含 "美丽" 或者 "漂亮" 的实例。检索式 "[美丽 漂亮]" 的检索结果如图 3-12 所示。

经典, 结婚的女人是iPad, 天天放家里看电视! ～一个金色 美丽 的收获季节～你是否按奈不住内心的激动, 想去拥抱满满的收获, 又或

有财富的品格和内涵, 比简单的财富数字更为重要。生命只有一次, 美丽 只有一次; 人活一世, 从客达观一些, 就会轻松自在一些。冲动来自

下的健康(2)舒心的工作(3)提醒你加衣帮你盖被的人(4)穿上使直T血也 漂亮 的身材(5)一手好字(6)每天都有的好觉(7)欣赏美丽的的心情(8)你甘心付出

年就会看到很多屋子的窗户上会贴剪纸, 也就是窗花, 那时候觉得很 漂亮, 但是不知道怎么剪的, 现在有了这套教程, 大家就可以学习了～

高速路上, 不断向前冲刺, 在旅途中享受城市, 桥梁、海上和森林等 美丽 迷人的景色, 喜欢赛车竞技的同学不容错过啦! 晚上从幼儿园接孩子

条路要走, 一条是必须走的, 一条是想走的, 你把必须走的路走 漂亮, 才可以走想走的路。早安! 同学们。开始我们每一天必须走的路吧!

图 3-12 检索式 "[美丽 漂亮]" 的检索结果

检索式"d 打击 [n　v]"表示检索副词后接词语"打击","打击"后面又接名词或者动词的实例。检索式"d 打击 [n　v]"的检索结果如图 3-13 所示。

他呢，老师如果不认识科比呢，我上次给我们外教说他她就不知道。**太打击人**了。我表示我又失眠地一塌糊涂。只有自己知道自己的苦。

开始有点喜欢跑了，原来做事情也是要策略的，你若太猛太急，**反而打击自信心**；放松心态稳住速度，那么就能更轻松的达到目标并且走的长远，开始

我吃饱了三点...听姐姐话的孩子是世界上最可爱的孩子...回复回复 **太打击人**了从前有个人儿持想吃鸡排，第一次去人家还没营业，第二次去人家已

图 3-13　检索式"d 打击 [n v]"的检索结果

使用"统计"功能时，表示获取集合内所有内容在语料库中的频次统计信息，检索式"d 打击 [n　v]"的统计结果如图 3-14 所示。

共同打击恐怖主义	83		
太打击人	55		
依法打击邪教	25	就打击恐怖主义	24
狠狠打击敌人	21	狠狠打击表污	20
		重点打击对象	18
共同打击毒品	14	太打击爱好	14
		狠狠打击经济	13
不断打击敌人	13	重点打击无	13
依法打击制	12	没有打击经济	11
共同打击腾	11		
共同打击有	10	重点打击利用	10

图 3-14　检索式"d 打击 [n v]"的统计结果

（3）离合符

一般情况下，BCC 语料库交互式查询语言编写的检索式用于查询连续的语言片段，引入离合符"*"的目的是描述语言中的各种离合现象，检索获取非连续的语言片段。使用离合符"*"的一般形式为："检索式 1* 检索式 2"，表示在句子内（对于汉语是小句内），检索符合"检索式 1"后接其他成分，再接"检索式 2"的实例。BCC 语料库交互式查询语言规定该符号在同一个检索式中最多只能出现一次，即不支持查询两个以上的语言片段。

例如，检索式"洗 * 澡"是检索"洗澡"离合出现的情况，检索式"洗 * 澡"的检索结果如图 3-15 所示。

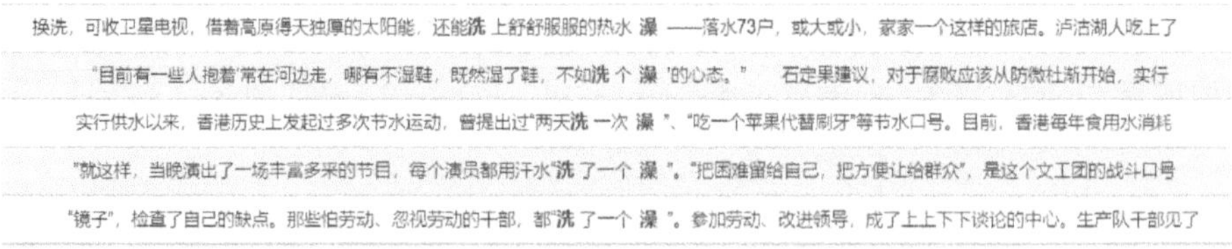

换洗，可收卫星电视，借着高原得天独厚的太阳能，还能**洗**上舒舒服服的热水 **澡** ——落水73户，或大或小，家家一个这样的旅店。泸沽湖人吃上了

"目前有一些人抱着'常在河边走，哪有不湿鞋'，既然湿了鞋，不如**洗** 个 **澡** '的心态。" 石定果建议，对于腐败应该从防微杜渐开始，实行

实行供水以来，香港历史上发起过多次节水运动，曾提出过"两天**洗** 一次 **澡** "、"吃一个苹果代替刷牙"等节水口号。目前，香港每年食用水消耗

"就这样，当晚演出了一场丰富多采的节目，每个演员都用汗水'**洗** 了 一个 **澡** '，"把困难留给自己，把方便让给群众"，是这个文工团的战斗口号

"镜子"，检查了自己的缺点。那些怕劳动、忽视劳动的干部，都**洗** 了 一个 **澡** 。参加劳动、改进领导，成了上上下下谈论的中心。生产队干部见了

图 3-15　检索式"洗＊澡"的检索结果

3.3.2　高级检索

为了强化 BCC 语料库的检索功能，BCC 交互式查询语言在基本检索的基础上增加了条件限定语句和检索结果控制语句，提供高级检索的功能。

检索式的内容包括查询对象、限制条件和功能操作 3 个部分，示例如下。

```
Query{Condition1;Condition2;......}Operation
```

这其中，花括号 {} 中的内容即为条件限定语句，用于实现条件检索。

BCC 语料库交互式查询语言提供的限定条件有对限定对象的约束、对检索语料区间的约束和对语料文档属性的约束 3 种类型。

1. 对限定对象的约束

对限定对象的约束是指使用表 3-2 中列出的限定条件类型，对限定对象或整个 Query 进行约束。对于序列语料，默认变量有 \$1 和 \$2 两个。对于结构语料，默认变量有 \$1、\$2、\$3、\$B、\$E 和 \$Q 6 个。其中，前 3 个默认变量用于指代 Query 中被 () 括起来的内容；\$B 表示 \$Q 左侧窗口的语言片段；\$E 表示 \$Q 右侧窗口的语言片段；\$Q 表示整个 Query。以上默认变量，我们统称为限定对象。

根据限定条件类型的不同，高级检索可将对限定对象的约束分为内容限制、长度限制和频次限制 3 类。

（1）内容限制

内容限制是指对限定对象的具体内容进行约束，主要借助集合或者两个限定对象比较的方式来实现。

当使用集合来约束时，集合中的内容可以是字、词语或词类。例如，检索

式"打 (n){$1=[球 羽毛球 篮球]}",表示检索"打"字后接一个名词,该名词可以是"球"、"羽毛球"或"篮球"中的任意一个。在该检索式中,Query 部分的"n"被 ( ) 括起来作为限定对象,限定语句中使用 $1 指代 Query 中的第一个限定对象,也就是"n"。限定语句表示 $1 指代的限定对象"n"只能等于集合"[球 羽毛球 篮球]"中的某个词语,检索式"打 (n){$1=[球 羽毛球 篮球]}"的检索结果如图 3-16 所示。

忘恩负义的人不像真实的,像个噩梦。他用曾经打板球、打马球、**打篮球** 的胳膊推开了他,一面用英文说:"我现在就去告发你,否则我白白丢你把他怎么样啦?""我啥也没干好。我早就跟您说了,只要人家一 **打球** ,他就来劲儿了。""你们上这儿来,"迪尔西说。"不哭了,班吉。

嗣地给同学们教唱歌,排小戏,带着孩子们在地委对面的二中操场上 **打篮球** 、做游戏。他内心愤慨万分,时不时想起他光着脊背在烈日下背石头拉之后,我发现投拐柏球、标枪的运动员,以及那些在龟裂的柏油路上 **打篮球** 的男孩都有各自的天堂。我和他们的天堂虽不完全一样,但其中有很萌天,与一个著装时髦的漂亮女生说话。有几个男生在酷烈的阳光下 **打篮球** ,徐老师一眼就认出了她,并问她有没有兴趣去见见从上海来

棍厂藏了一箱冰棍儿,放在操场上的树底下,让学生们在炎炎烈日下 **打篮球** 踢足球跳绳翻杠子,然后宣布休息五分钟:"每人至少一根冰棍儿,

图 3-16　检索式"打 (n){$1=[球 羽毛球 篮球]}"的检索结果

除了限制整个限定对象的内容,高级检索也可对限定对象的部分内容进行限制,例如,检索式"打 (n){end($1)=[球]}"表示检索限定对象"n"以"球"字结尾。检索式"打 (n){end($1)=[球]}"的检索结果如图 3-17 所示。

高级检索通过比较两个限定对象来进行内容限制。对于序列语料,在 Query 中需要有两个被 ( ) 括出来的限定对象,例如,检索式"(v) 一 (v){$1=$2}",表示检索动词后接一个"一"字,再接一个动词,且两个动词实例相等。其中,$1 表示第一个动词"v",$2 表示第二个动词"v"。检索式"(v) 一 (v){$1=$2}"的检索结果如图 3-18 所示。

球很还给中尉。中尉拿在手中,以甚为熟练的手势轻轻挥了几下。" **打棒球** 么?"中尉问兽医。"小时常打。"兽医回答。"长大后没打?""没

"他说:'我的确在那儿打过橄榄球。'布莱克仔细打量着他。" **打橄榄球** 不是很赚钱吗?"他说。"你比我运气好,我连大学都没有上成。"奥

度。他在赛后找到这个小伙子。"你这帮子打算干什么,老弟?" **打棒球** 。"霍华德十分干脆。"听了真叫人高兴。我想让你带我们的罗基联队

义,心里一清二楚。"牧村拓说。我点点头,未表现出很大热情。" **打高尔夫球** ?"不打。"讨厌?""无所谓讨厌喜欢,没有打过。"他笑道:

温先生领我们走近球台,他亲切地对我表示要教我玩球,我说道:" **打桌球** 必须用眼力,我恐怕没有办法玩。"他很快就说:"也是。不过,如果

还絮有介事地做了一个作息时间表。早晨,我与味妹们在"健身房" **打排球** ,我们用破布缝制了一个"实心排球"。情绪好时,还做做体操什么的

图 3-17　检索式"打 (n){end($1)=[球]}"的检索结果

怎么样了？"老头儿冷笑道："骏甫只说现在外头找事很难，叫我暂 **候一候** ，但是看他的意思，似乎嫌我老了，做不了什么事。他还问我荃儿的事

的债，我要走了，你不必再来搜找。"他说，"为的是你要走，才来 **会一会** 你，你该了我的债，你不能随随便便的走呵。"他说这话的时候，声音

走到院子里，又叫住，说道，"下午若是放学教得早，也须在学校里 **候一候** ，等林妈来接，你再和一同回来。"怡雪站住答应了，便和林妈去了

也不大管这些闲事。你和她还不错，她又最肯听你的话，无意中问妨 **进一进** 劝告呢？海滨归来，母亲已坐在书纸凌乱的书室里，早等找了。我喜欢

做冰激凌。母亲替他们调好了材料，两个便在院里树下摇着。小小一 **会一会** 的便揭开盖子看看，说："好了！"一看仍是稀的。妹妹笑道："你不

和弟弟们在院子里乘凉，仰望天河，又谈到海。我想索性今夜彻底的 **谈一谈** 海，看词锋到何时为止，联想至何处为极。我们着海潮，海风，海舟

图 3-18　检索式"(v) — (v){\$1=\$2}"的检索结果

对于结构语料，默认变量 \$B、\$E 和 \$Q 不依赖于 Query 中是否有 ( ) 括出来的内容可在限定语句中使用。例如，检索式"VP-PRD[ ]{beg(\$Q)=[吃]}Freq"表示检索谓词性述语组块，且限制该述语块以"吃"一词为首字符，返回统计结果。检索式"VP-PRD[ ]{beg(\$Q)=[吃]}Freq"的检索结果如图 3-19 所示。

内容	指标
吃	551
吃饭	47
吃上	24
吃到	20
吃了	19
吃完	19
吃苦	17
吃着	15
吃亏	14
吃掉	13

图 3-19　检索式"VP-PRD[ ]{beg(\$Q)=[吃]}Freq"的检索结果

（2）长度限制

长度限制是对限定对象的字符长度进行约束，主要有以下两种实现方式。

一是通过将限定对象的长度与具体的数值进行比较实现长度限制。例如，检索式"喜欢 (n){len(\$1)=3}"，表示检索"喜欢"一词后接名词的实例，且限制该名词的字符长度为 3。检索式"喜欢 (n){len(\$1)=3}"的检索结果如图 3-20 所示。

强大的、有创造力的视觉思考者，而且同她一样的离经叛道、调皮。 **喜欢恶作剧** 。"我和汤姆十分投缘，"谭普说，"虽然这是一种孩子式的投缘。"

是各方面都"现代化了的姑娘。衣着不必说，爱好也是最时髦的。 **喜欢朦胧诗** ，喜欢硬壳虫音乐，喜欢现代派绘画，喜欢意识流小说。虽然她的爱好

感情联系。你最喜欢哪些花？"樱草花、蓝铃花和石楠花。"不 **喜欢紫罗兰** 吗？"不，正如你说的，我和它也没有特别的感情联系，因为我家附

差不多有1年没吃巧克力了。我这么一说，曾咦了一声。"不 **喜欢巧克力** ？"没有兴趣，"我说，"既不喜欢又不讨厌，只是没有兴趣。"

么不玩呢？"钱稿开口搭腔。三个男孩面面相觑，谁也不做声。"不 **喜欢游乐园** 吗？"钱稿又问。坐在右边的男孩子摇了摇头。"那就是喜欢了？"这

图 3-20　检索式"喜欢 (n){len(\$1)=3}"的检索结果

二是利用比较两个限定对象的长度来进行长度限制。例如，检索式 "(v) 了又 (v){len($1) = len($2)}"，限定两个动词 v 的字符长度相等。检索式 "(v) 了又 (v){len($1) = len($2)}" 的检索结果如图 3-21 所示。

本来带他去看沃尔沃xc90的，结果经过大众一看见途昂，**坐了又坐** 还被女销售拉去留了电话，过了几天就提了2.5顶配。问他原因，就还没睡，有时候我也是，不过未必说不好~……会成熟的，"你是 **睡了又醒** 的，我是彻底睡不着。。。"，["你看了魔兽？我下午也刚看了"就是眼馋，每次吃东西就望着你，但真给他吃他又不吃"，[" **出去了又开始** 想家啦？"，"我被吃的饭虐得今天实在吃不进去了吃的泡面，"哈。"，"怎么感觉那么像在骂人呢？"，["多少人曾在你生命中 **来了又回** 。"，"然而襄儿只记得一个"，"小孩子口无遮拦。"，["谢谢加油"，"好的！加油"，["讨厌"，"你还没过来呀"，"我 **过来了又过去** 了"，"你真可恶"，["请你做一道可乐鸡翅"，韩版你不能说不承认它存在啊"，["我一个晚上也是睡着又醒， **醒了又睡** "，"我不想去学校"，"我也是，因为一去就一个学期了，可是为了

图 3-21　检索式 "(v) 了又 (v){len($1) = len($2)}" 的检索结果

（3）频次限制

频次限制专用于序列语料检索式的限定语句，是对整个 Query 在语料库中出现频次的约束，使用保留关键词 "count" 来实现。

例如，检索式 "不很 v{count>10}" 表示检索 "不很 v"，且限制每个实例出现的频次大于 10。检索式 "不很 v{count>10}" 的统计结果如图 3-22 所示。

不很明白	56	不很了解	32
不很喜欢	27	不很懂	22
不很知道	17	不很像	16
不很亮	15	不很愿意	14
不很情愿	14	不很相信	14
不很熟悉	13	不很有	11
不很满意	11	不很清楚	10
不很懂得	10		

图 3-22　检索式 "不很 v{count>10}" 的统计结果

2. 对检索语料区间的约束

针对结构语料，BCC 交互式查询语言专门提供了语料区间的约束。对检索语料区间的约束用于设置检索式的语料查询区间，通过 AddLimit 和 ClearLimit 两个保留关键词来实现。其中，AddLimit 用于设置语料检索区间的约束，可以设置 0 个或多个区间，使用方式形如 "AddLimit(区间下界指标，区间上界指标)"。需要说明的是，区间上下界指标是一个整数值。约束使用的区间指标需要通过 BCC 语料库工具预先从索引数据中导出。ClearLimit 则用于取消所有的

语料区间约束。

例如，检索式"VP-PRD[* 吃]{AddLimit(10000，1000000)}Freq"表示在语料区间 [10000，1000000）内检索以"吃"字结尾的谓词性述语组块，并返回统计频次。检索式"VP-PRD[* 吃]{AddLimit(10000，1000000)}Freq"的检索结果如图 3-23 所示。检索式"VP-PRD[* 吃]{ClearLimit( )}Freq"表示取消语料区间限制后，检索以"吃"字结尾的谓词性述语组块。检索式"VP-PRD[* 吃]{ClearLimit( )}Freq"的检索结果如图 3-24 所示。从图 3-23、图 3-24 中可以看到，添加了语料区间 [10000，1000000）的检索式得到的统计结果中，最高频的"吃"出现了 77 次，而取消了语料区间约束的检索式得到的统计结果中，"吃"出现了 551 次。

内容	指标
吃	77
不吃	2
想吃	2
要不要吃	1
也挺好吃	1
都在他家吃	1
每次吃	1
免费吃	1
不会吃	1
一年吃	1

图 3-23　检索式"VP-PRD[* 吃]{AddLimit(10000，1000000)}Freq"的检索结果

内容	指标
吃	551
不吃	10
想吃	7
黄河冰上吃火锅	6
不能吃	6
边吃	6
去吃	4
还没吃	3
要吃	3
我要吃	3

图 3-24　检索式"VP-PRD[* 吃]{ClearLimit( )}Freq"的检索结果

3. 对语料文档属性的约束

对语料文档属性的约束也是 BCC 交互式查询语言专门为结构语料提供的条件约束类型，具体是指利用语料文档的属性信息，例如，文档的作者、发表时间、产业类别等，对查询对象 Query 进行条件限制。这些可用于约束查询对象的文档属性需要在索引阶段预先构建索引。

例如，检索式"NP-OBJ[ ]{industry= 教育 }Freq"表示检索统计名词性宾语块"NP-OBJ[ ]"的使用实例，且限制只统计语料文档的产业分类属于"教育"的实例结果。检索式"NP-OBJ[ ]{industry= 教育 }Freq"的检索结果如图 3-25 所示。

内容	指标
学生	8
有关部门	6
其	5
你们	4
整改意见	4
校外培训机构	4
企业	4
整改通知书	4
立德树人根本任务	3

图 3-25　检索式"NP-OBJ[ ]{industry= 教育 }Freq"的检索结果

第 4 章
BCC 语料库交互式
查询语言应用

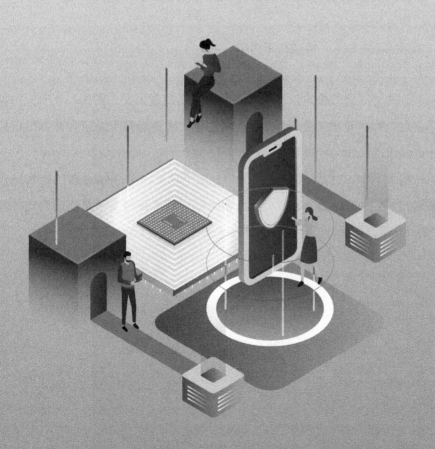

本章从实际应用出发，通过示例给出常见语言现象的检索式。为了方便用户更好地理解 BCC 交互式查询语言，从语言现象、检索式、解读（语言现象的基本解读与检索式设计阐释）、检索结果 4 个方面对应用实例逐个进行介绍。

4.1　语素检索

语素是最小的音义结合体，是构词的基本单位。通过对语素的检索，可研究语素自身的特点与语素的构词能力。

研究语素自身的特点，例如，研究语素的音义形式。接下来，本节以形语素的检索为例进行说明。

检索式示例如下，解读如下内容。

```
Ag{ }Context
```

对于单一语素的检索，可以从语素的性质检索出发，例如，当研究对象为形语素时，即可使用词性符号 Ag 直接检索，通过检索可以研究充当形语素的汉字有哪些及这些汉字的特点。

在检索式中，"{ }"内为限制语句，由于此处没有对形语素的检索进行任何限制，所以为空；"Context"表示输出形语素所在的上下文。检索式"Ag{ }Context"在"报刊"语料中的实例结果如图 4-1 所示。

……在第三幕里，你甚至还可以再多演一场嘛。""那么，" 普　律利埃尔声明道，"我要借幕前的最后一句台词……我理所当

的样子，好像被人打扰了似的。"你最近的那篇文章写得非常好，" 丰　厦对据什利说道。"不过，你为什么说章副演员都爱虚荣呢？"是啊

这时一个男子上来把她的胳膊抓住，把她从怒气冲冲"怎么样，" 普　律利埃尔最后终于说道，"这回你该听我的话了……上捷到我

满完之后走了进来。"哦滴滴得真叫嘛，博斯克老头扌"她叫道，" 简　真诚王子笑弯了腰，他问其他人一齐鼓掌，好像他是被雇来专门捧场场

他了，他坐在包厢的后面一排。他是上了年纪的人了……" 普　律利埃尔狠狠地把那一大撮绒毛插上，这时转过头来叫她"喷罗丝"

图 4-1　检索式"Ag{ }Context"在"报刊"语料中的实例结果

根据以上检索结果，可进一步检索，通过语料探究分析某一具体语素实现为词的条件。

检索式如下，解读如下内容。

```
贫@{ }Context
@贫{ }Context
```

针对"贫"这一语素，分别检索其前后可接的成分并统计词性分布情况，根据检索结果，可以发现在组合时，"贫"在前更倾向于充当语素，例如，"贫 + Ng"，"贫"在后更倾向于独立成词，例如，"u+ 贫"。

在检索式中，@ 表示任意一个词。该符号往往用于统计功能，统计该位置对应不同词性出现的频次，例如，第一个检索式即统计"贫"后可出现的词语词性频次，第二个检索式即统计"贫"前可出现的词语词性频次。检索式"贫@{ }Context"在"报刊"语料中的统计结果如图 4-2 所示。检索式"@ 贫 { } Context"在"报刊"语料中的统计结果如图 4-3 所示。

贫+vn	9889	贫+u	3320
贫+Ng	3292	贫+d	985
贫+c	980	贫+j	500
贫+a	466	贫+y	424
贫+Vg	393	贫+k	362
贫+f	318	贫+r	209
贫+Ag	191	贫+b	122
贫+ns	96	贫+q	86
贫+l	35	贫+i	33
贫+t	30	贫+ad	24
贫+s	15	贫+an	10
贫+Rg	5	贫+Tg	5

图 4-2　检索式"贫 @{ }Context"在"报刊"语料中的统计结果

u+贫	13804	d+贫	7147
c+贫	6706	q+贫	6192
b+贫	4437	r+贫	3663
a+贫	2526	ns+贫	2072
f+贫	1490	k+贫	1333
Ng+贫	1321	vn+贫	831
j+贫	513	Ag+贫	435
Vg+贫	427	t+贫	348
s+贫	336	ad+贫	227
l+贫	118	Dg+贫	108

图 4-3　检索式"@ 贫 { }Context"在"报刊"语料中的统计结果

研究某一类语素的构词能力，例如，研究形语素和名语素的构词能力及构词条件。检索式如下，解读示例如下。

```
Ag Ng { }Context
```

该检索式查询的是：由形语素（Ag）和名语素（Ng）组合形成的词语。根据检索结果，大多数"Ag+Ng"都可以构成词语，例如，"孤儿、博鳌"等；但也有少数不是词语，例如，"信群"不是一个词语，而是"微信群"的一部分。检索式"Ag Ng{ }Context"在"报刊"语料中的统计结果如图 4-4 所示。

孤儿	6560	博鳌	3483
众院	2283	主业	2005
甘岭	1527	幼林	1389
奇石	1351	洋群	1161
主委	1002	朗诺	952
健体	926	孤单	835
信群	788	安度	781
众筹	767	普惠	763
泛珠	748	坦桑	722
主宾	705	寒意	702

图 4-4　检索式"Ag Ng{ }Context"在"报刊"语料中的统计结果

4.2　词语检索

词语本身具有的词性、音节数、词语组合规律等可作为检索的限制条件，利用这一限制条件，可以实现词语的基础检索。词语检索包括根据词性检索某一类词语的构成情况，或根据词性、词语搭配规律等检索不同词语之间的组合情况。

另外，现代汉语中的词语一般由一个或几个语素构成。参与构词的语素叫构词语素，而构词语素分为词根和词缀两种。根据语素构词规律的不同，语素可以拆解出不同的限制条件，以应对不同的需求。不同的限制条件包括语素音节数、语素的位置（词根语素的位置、词缀语素的位置）、语素性质等。BCC语料库交互式查询语言允许用户通过对词根、词缀的限制组合来获取指定结构类型的词语，例如，复合式合成词、附加式合成词、重叠词等的获取。

4.2.1 基础检索

词语的长度与词性会影响汉语的韵律组合和短语搭配。词语音节长度不同，其组合、聚合表现也不同。BCC 语料库交互式查询语言通过对词语的音节、词性、韵律的限制来满足对词语最基本的检索需求。例如，当需要了解某语料库中形容词的使用情况时，用户可以通过直接检索词性获得。检索式"a{ } Context"在"多领域"语料中的检索结果如图 4-5 所示。

检索式如下。

```
a{ }Context
```

我在（咖啡杭海路店）。沟通,分享,成长!努力,拼搏, **成功** I在电影国际交流方面, 2011年, 共有485部次国产电影在境外

尖叫起来, 可是剧痛过后, 胳膊居然恢复了知觉, 又活动自如了。" **好** 了, 现在你立刻开始扫扫房间。"严咏洁看了看房间里乱糟糟的样子,

经得住时间洗涤唯有真心。愿爸爸健康快乐!让公益成为习惯! **红** 百合盛放的样子不知是否今天约了少时读书同伴的缘故, 昨晚一整晚的

防脱发,去屑控油系列大家也来参加吧!我的幸福我来追, 积极向上, **快乐** 无限!用适量的隔离霜在额头、下巴、鼻子、两颊各点一下,然后用指

图 4-5 检索式"a{ }Context"在"多领域"语料中的检索结果

如果想要进一步了解双音节形容词在语料库中的使用情况，则可以通过以下两种检索表达式获得双音节形容词及其上下文。

检索式如下，解读示例如下。

```
(a){len($1)=2}Context
```

该检索式是对双音节形容词语料的检索，$1 表示 query 部分被括起来的变量，即指代 a；len 函数是对变量长度的限制，即使用形容词词性 a 检索形容词，并使用 len 函数限制其音节长度为 2，从而获取双音节形容词的使用实例。检索式"(a){len($1)=2}Context"在"多领域"语料中的检索结果如图 4-6 所示。

时候能微微一笑, 素养, 2.受委屈的时候能坦然一笑, 大度; 3. **吃亏** 的时候能开心一笑, 豁达; 4.无奈的时候能达观一笑, 境界; 5.危

的时候能坦然一笑, 大度, 3.吃亏的时候能开心一笑, 豁达; 4. **无奈** 的时候能达观一笑, 境界, 5.危难的时候能泰然一笑, 大气, 6.被

学子俱乐部购买智能机的同学哟 ~ 手里拿着礼包感觉挺激动的。1、 **近视** ; 2. 月光族; 3. 喜欢Money; 4. 从不锻炼身体; 5. 一日三

温怒事养和气, 讲责任养贤气, 系苍生养底气, 淡名利养正气, 不 **媚俗** 养骨气, 散作为养浩气, 会赏奇养人大气。咳咳, 快看放假回家的亲们注

对谁特别不好。永远不要被少数人所利用。4. 相信自己比依赖别人 **重要** 。用尽心机不如静心做事。同学们你记住了吗?某大学BBS上出了一个

他们什么秘密都说出来; 4、AB型, AB型的人不做什么能成为 **秘密** 的事情, 所以没有什么秘密。喜讯! 节日好礼齐分享!

图 4-6 检索式"(a){len($1)=2}Context"在"多领域"语料中的检索结果

如果想要进一步考察形容词和名词的组合情况，例如，双音节形容词作定语后分别接单、双音节名词，则可以通过如下检索表达式获取其相关的上下文。

检索式如下，解读示例如下。

```
(a) 的 (n){len($1)=2;len($2)=1}Context
(a) 的 (n){len($1)=2;len($2)=2}Context
```

在检索式中，$1 和 $2 依次指代前面 query 部分被 ( ) 括起来的变量，即第一条检索式检索的是双音节形容词修饰单音节名词的情况，第二条检索式检索的是双音节形容词修饰双音节名词的情况。检索式"(a) 的 (n){len($1)=2;len($2)=1}Context"在"报刊"语料中的检索结果如图 4-7 所示。检索式"(a) 的 (n){len($1)=2;len($2)=2}Context"在"报刊"语料中的检索结果如图 4-8 所示。

正如语言学本体研究成果所预计的一样，从图 4-7 和图 4-8 所示的检索结果来看，"2+2"韵律搭配出现的频次更高。

伟大的党	1029	高尚的人	644
不同的人	601	高兴的事	491
有利的事	411	简单的事	307
个别的人	255	平凡的人	225
具体的人	214	落后的人	188
干净的水	154	最多的人	151
最大的事	139	伟大的人	126

图 4-7　检索式"(a) 的 (n){len($1)=2;len($2)=1}Context"在"报刊"语料中的检索结果

友好的气氛	8665	深刻的印象	6434
伟大的祖国	5634	伟大的领袖	4945
有利的条件	4919	重大的意义	4426
坚实的基础	4278	悠久的历史	3298
巨大的成就	3154	良好的社会	3124
丰富的经验	2897	良好的基础	2660
深厚的友谊	2622	成功的经验	2517
巨大的贡献	2232	密切的关系	2198

图 4-8　检索式"(a) 的 (n){len($1)=2;len($2)=2}Context"在"报刊"语料中的检索结果

如果进一步地研究某一形容词作定语后接名词的情况，则可以通过如下检索表达式获取其相关的上下文。例如，"友好"。

检索式如下，解读示例如下。

```
友好 n { }Context
友好的 n { }Context
```

在报刊领域依次检索两个检索式，试图对"友好"修饰名词的情况进行考察。"友好"后直接修饰双音节名词的使用频率明显高于"友好"+"的"后接双音节名词。检索式"友好的 n{ }Context"在"报刊"语料中的检索结果如图 4-9 所示。检索式"友好 n{ }Context"在"报刊"语料中的检索结果如图 4-10 所示。

友好的气氛	9435	友好的关系	1085
友好的感情	700	友好的国家	491
友好的政策	393	友好的讲话	376
友好的邻邦	321	友好的态度	290
友好的基础	288	友好的精神	286
友好的愿望	284	友好的空气	232
友好的边界	220	友好的情谊	214
友好的历史	192	友好的人民	171
友好的外交	147	友好的民意	144
友好的使者	128	友好的事业	126
友好的社会	114	友好的纽带	111

图 4-9　检索式"友好的 n{ }Context"在"报刊"语料中的检索结果

友好关系	40049	友好协会	29656
友好代表团	9968	友好条约	7480
友好人士	4305	友好国家	3446
友好气氛	3021	友好同盟	2806
友好邀请赛	2673	友好邻邦	2554
友好事业	2464	友好情谊	2405
友好访华团	1866	友好感情	1783
友好团体	1388	友好月	1374
友好万岁	1238	友好小组	1153
友好使者	1093	友好议员	786
友好访问团	783	友好政策	779

图 4-10　检索式"友好 n{ }Context"在"报刊"语料中的检索结果

　　获得指定词性、音节长度的词语是词汇研究的起点。下面简单列举几种词语长度的获取。

　　检索式如下，解读示例如下。

```
——单音节动词
(v){len($1)=1}Context
——双音节名词
(n){len($1)=2}Context
——三音节形容词
(a){len($1)=3}Context
——四音节人名词语
(nr){len($1)=4}Context
——五音节成语
(i){len($1)=5}Context
```

　　正如上文对双音节形容词的检索式解读，对于指定词语的获取需要细分该检索需求：第一，音节长度，通过 len 函数和小括号指代的变量组合实现；第二，词性，以词性符号表示。

　　上述检索式都可以写成词性和长度限制条件的组合形式，例如，"(i){len($1)=5}"表示五音节成语。BCC 语料库网站【帮助文档】词性列表中列出的词性符号，都可以替换至上述的词性与音节长度的组合限制查询检索，方便用户获得任意长度、任意词性的词语。

4.2.2　合成词

1. 复合式词语

　　现代汉语词语内部的类型众多，如何批量获取某类结构的词语来观察词语的构成情况，是汉语学习者的难题之一。经验证明，通过内省法构造大规模语料并不占据优势。BCC 语料库交互式查询语言可以根据对词语内部成分的词性和音节数量的限制，从语料库中获取指定结构类型的词语，具体分为两种情况：一是指定构成词语的某个语素及其位置，例如，指定词首语素或者指定词尾语素；二是指定构成词语语素的性质，例如，指定语素性质。

　　（1）指定词首语素

　　例如，指定双音节动词的词首语素为"打"。

检索式如下，解读示例如下。

```
(v){beg($1)=[打];len($1)=2}Context
```

检索需求是获得以"打"为词首的双音节动词。在检索式中，beg 函数是指定变量的首字符等于指定的字符，即指定语素"打"位于词首，与之组合的语素以"."表示，并限制两个语素构成的词为动词"v"。检索式"打 ./v"在"报刊"语料中的检索结果如图 4-11 所示。检索式"打 ./v"在"报刊"语料中的检索结果统计如图 4-12 所示。

底色变成淡绿色，可以起到保护眼睛的作用。具体的操作方法如下：**打开** 桌面点鼠标右键，依次点击属性、外观、高级、项目、窗口、颜色、其

生气道："真赶时间，那你喝了吧。"那人急忙说："那不要，万一 **打开** 盖子有再来一瓶怎么办。"现场加关注的**同学**，我们赠送精美礼品啊！

80万部。在第四季度，这一数字有望突破550万。中国电信也在 **打造** 特色终端"3G业务特色手机"详情：哪里缺乏意志，哪里就急不可待

元旦快乐l1. 耐心地听父母跟你说家长里短、鸡毛蒜皮，不要 **打断** 他们。2. 在父母面前别生气，你的表情直接牵动着他们的心情。3、

候，想背起行囊，去很多地方走走。到了一个停脚的场所，找个地方 **打开** 零工，攒够去下一个地方的银子，然后再次启程。直到有一天脚走累了

天回家后跟阿志讲了三点，第一，不管什么理由都不准与老师吵架与 **打架**，搞不好会开除学籍。第二，父母不同意的情况下不能在外过夜，家人

望我和各位的友情不会因此而改变。预计12天的度假有点害怕，再 **打算** 自己在丽江呆4天，看来要提前结束回昆明了，早晚冷的要命，中午热

图 4-11　检索式"打 ./v"在"报刊"语料中的检索结果

共 83 个结果

下载

打开	31729	打牌	23031
打击	19089	打破	13130
打造	8925	打跟	7516
打断	7122	打工	5574
打扮	5374	打扰	5169
打的	4979	打量	4452

图 4-12　检索式"打 ./v"在"报刊"语料中的检索结果统计

（2）指定词尾语素

图 4-11 是词根语素位于词首的应用实例，也可以将词根语素位于词尾作为条件进行语言现象查询。例如，查询以"花"为词尾构成的双音节名词。

检索式如下，解读示例如下。

```
(n){len($1)=2;end($1)=[花]}Context
```

检索需求是获得以"花"为词尾的双音节名词：以名词词性"n"进行查询，并限制该名词长度为 2，且以语素"花"为词尾。检索式"(n){len($1)=2;end($1)=[花]}"

在"多领域"语料中检索结果节选如图 4-13 所示。

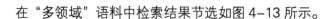

水平增长了48.5%。那时的粮食产量已增长了44.8% 棉花 产量已增长了193%。到1955年，农业及其副业的总产值已经比

度不高，浓缩饲料仅18.5%合格首季产品质量合格率77.8% 棉花 种子纯度不高，浓缩饲料仅18.5%合格本报北京4月29日讯记者

一个新的水平。主要经济作物产量如下：1990年 比上年增长% 棉花 447万吨 18.1油料 1615万吨 24.7其中：油菜籽

又见太湖蟹儿肥(美丽中国·秋色迷人) 菊花 黄，蟹脚庠。正是太湖大闸蟹收获的季节，9月27日清晨天刚微亮，

同时坐两条船，不能同时讲两句话。"牛密封群就会被老虎吞噬。" 鲜花 要用水灌溉，友谊更需人珍爱。"不偷就问，脏了就洗。"好说不做等

京宫牌鲜鸡蛋冰淇淋、哈尔滨宏达冰制食品厂生产的天使烟巧克力· 葵花 仁冰淇淋、天津精武集团鑫宏食品厂生产的娅丽斯牌豆沙甜心雪糕、

图 4-13 检索式"(n){len($1)=2;end($1)=[花]}"在"多领域"语料中检索结果节选

（3）指定语素性质

例如，要获取类似"涉案"这种由动语素加名语素构成的双音节词语。

检索式如下，解读示例如下。

```
./Vg ./Ng
```

该检索式查询的是：由单音节动语素（Vg）和单音节名语素（Ng）组合形成的双音节词语。BCC 语料库交互式查询语言通过限制词语内部的组成语素的词性和长度，可以获得指定内部结构的词语。检索式"./Vg ./Ng"在"多领域"语料中的检索结果统计如图 4-14 所示。

商机	5328	涉案	4118
预案	3106	履职	2904
创客	2436	参院	2406
涉农	2287	综艺	2236
央企	1935	庆嫂	1899
联户	1845	旅日	1729
涅夫	1694	逐项	1647
逐户	1597	易行	1568
联委	1408	扩容	1378

图 4-14 检索式"./Vg ./Ng"在"多领域"语料中的检索结果统计

需要说明的是，用户也可以通过更换词性或者音节数量达到获取多种形式的词语的目的。

检索式如下，解读示例如下。

```
../vn ./Ng
```

该检索式试图查询：由双音节动名词和单音节名语素组合而成的词语。检

索式"../vn ./Ng"在"多领域"语料中的检索结果统计如图 4-15 所示。

宣传片	1023	养殖场	934
示范户	906	贺岁片	786
爆炸案	778	经营户	713
滑雪场	681	活动日	597
综合体	580	贺岁档	504
养殖户	473	归属感	451
建设史	450	压迫感	415
供应链	407	刘忠器	388
裤衩子	364	试验场	356
示范园	338	补偿金	304
贸易战	302	休闲楷	293
杂交稻	293	娱乐讯	285

图 4-15　检索式"../vn ./Ng"在"多领域"语料中的检索结果统计

2. 附加式词语

附加式词语是由词根加词缀组合成的词语。根据词缀所在位置的不同，附加式词语可以分为前加型附加式词语和后加型附加式词语两类。

（1）前加型附加式词语

检索前加型附加式词语构词情况与查询指定语素构词类似，可通过对词语的前缀进行具体字符的限制进行查询。下面以获取前缀"老"的构词情况为例进行说明。

检索式如下，解读示例如下。

老./n

该检索式查询的是：以"老"为前缀的双音节名词。该检索式指定"老"为词语前缀，与之组合的语素用"."表示，并限制两个语素构成的词为名词"n"。检索式"老 ./n"在"多领域"语料中检索结果统计如图 4-16 所示。

老师	60013	老人	
		老婆	
老公	20199	老大	
老头	8738	老爷	
老天	8180	老鼠	
老虎	5406	老子	
老家	4894	老婶	
老者	3989	老爹	
老外	3353	老夫	
老弟	3322	老二	
老区	2989	老哥	

图 4-16　检索式"老 ./n"在"多领域"语料中检索结果统计

另外，用户还可以指定前缀的语素性质进行检索，从而观察词语中可充当前缀的语素及其频次分布。

　　检索式如下，解读示例如下。

```
h ../n
```

　　该检索式试图查询的是：由前接成分（亦称前缀）和双音节名词组合形成的词语。在检索式中，"h"表示前接成分，"../n"表示双音节名词，二者前后组合出现，即要求双音节名词中存在前接成分。检索式"h ../n"在"多领域"语料中的检索结果统计如图 4-17 所示。

非宗教	110	非市场	109
非职业	109	非原则	106
非工业	106	准军事	105
非智力	102	非计划	98
非生物	96	非黑土	95
非白人	94	超计划	93
非药物	93	非住宅	89
非碘盐	85	非名牌	83
非美元	82	非疫区	80
超国家	80	超标准	76
非产油	75	非核心	73

图 4-17　检索式"h ../n"在"多领域"语料中的检索结果统计

（2）后加型附加式词语

　　本小节以后缀"子"为例，说明获得后加型附加式词语的构词情况。

　　检索式如下，解读示例如下。

```
(n){len($1)=2;end($1)=[子]}
```

　　该检索式用于查询以后缀"子"为词尾的双音节名词：以名词词性"n"进行查询，并指定该名词长度为 2，并要求双音节名词以"子"作为结尾的字符，即以"子"为后缀。检索式"(n){len($1)=2;end($1)=[子]}"在"报刊"语料中的检索结果统计如图 4-18 所示。

孩子	10218	电子	5755
儿子	4401	公子	4089
小子	3341	肚子	3300
狮子	2472	女子	2342
妻子	2296	男子	2126
妹子	2073	君子	1891
弟子	1677	胖子	1587
分子	1580	王子	1459
帽子	1272	太子	1233
房子	1213	日子	1195

图 4-18　检索式"(n){len($1)=2;end($1)=[子]}"在"报刊"语料中的检索结果统计

另外，用户还可以指定语素性质进行检索，用以观察词语中可充当后缀的语素及其频次分布。

检索式如下，解读示例如下。

```
../n k
```

该检索式查询的是：由双音节名词和后接成分（亦称为后缀）组合形成的词语。在检索式中，"../n"表示双音节名词，"k"表示后接成分，二者前后组合表示双音节名词中存在后接成分。检索式"../n k"在"多领域"语料中的检索结果节选如图 4-19 所示。

的重量由二斤半减轻到二斤二两。现各厂学徒进步很快，并打破三年 **学徒制** 的成规。此次劳模增产运动胜利的基本原因，亦由于工人生活改善，认

我是邢台市一名个奥报的热心读者，我在一个小学教书，我和我的 **同仁们** 每天都阅览报纸是些来，经常来。但是本市与邯郸相距不过百余里，

周围的村镇，遍地瓦砾，田中野草丛生，阎伪军勒索名目繁多，最为 **苛暴者** 计有：（1）"田赋征收"每两田赋征派小麦二石六斗五升，土布四丈

图 4-19　检索式"../n k"在"多领域"语料中的检索结果节选

3．重叠式词语

重叠式词语是一种常见的且重要的语言现象，想要纵观现代汉语重叠式词语的用法，获取大规模重叠式词语实例十分必要。BCC 语料库交互式查询语言支持用户实现重叠式词语的检索。下面以获得单音节重叠式量词为例进行说明。

检索式如下，解读示例如下。

```
(./q)(./q){$1=$2}
```

单音节量词重叠使用，在汉语中十分常见。在对音节和词性组合查询的同时，加以新的限制：首先是书写单音节量词"./q"，重叠该部分得到双音节形式

"./q./q"，然后使用半角符号"( )"将前后两个量词括出来作为限定对象"(./q)(./q)"，分别用默认变量 \$1 和 \$2 来表示，在花括号 { } 内的限定语句中使用"\$1=\$2"来限定默认标量指代的两个量词内容相同。检索式"(./q)(./q){\$1=\$2}"在"多领域"语料中的检索结果统计如图 4-20 所示。

项项	903	元元	515
年年	486	座座	455
处处	453	株株	398
秒秒	204	位位	200
批批	199	整整	184
页页	142	个个	129
届届	124	份份	117
步步	106	排排	83
省省	62	句句	58
轮轮	56	仓仓	49
层层	44	名名	41

图 4-20 检索式"(./q)(./q){\$1=\$2}"在"多领域"语料中的检索结果统计

对于上述检索式，用户可以修改其中的词性或音节长度，以适应不同的重叠式词语的检索需要。例如，词性"q"可以更改为名词 n，或通过修改"."的数量来更改音节长度，以获得更多类型的词语重叠语料。

4.2.3　离合词

现代汉语中有一些词，虽然也是由语素紧邻结合而成，但语素间的结合紧密程度并不像其他词语那么强，中间可加入其他成分，可以扩展使用。一般称这类词为离合词，例如，"理发——理了一次发、洗澡——洗了澡、吃饭——吃了两顿饭"等。

1. 离合词紧邻形式

离合词紧邻形式的检索比较容易，尤其是对于离合词的原型、非扩展状态的查询较为容易。

检索式如下，解读示例如下。

吃饭

原型的离合词获取与指定词语获取从检索式书写方法来看是一致的，只须将词语整体作为检索式输入即可。检索式"吃饭"在"文学"语料中的检索结果如图 4-21 所示。

同到出去，省得被爱。阿黑对她爹说："爹，我去了。今天回不回家 **吃饭** ？"五明的爹说："不回去吃了，在此陪师傅。""爹不回去我是不尼·哈门烟，味道差远了），一边问房间里的人："今天晚上几个人 **吃饭** ？"好像她真的不知道答案而其他人知道似的。我将会寮觉苏珊伯母和上了，却不看到春华出来。便道："春华还是心口痛吗？怎么不出来 **吃饭** ？"姚老太太道："你今天才知道啦，这孩子常是不吃饭的。不必叫她家都坐上桌子了，廷练扶了筷子碗，向春华望着道："你为什么又不 **吃饭** ？"春华偷着父亲的颜色，并不怎样的和悦，便低了眼皮，不敢向父亲个弯子，又提到刘经理身上去，这就笑道："累了一天，为什么不想 **吃饭** ？也许是身上有点不舒服吧？"说时，那只手还是让二和摆着，另一只工夫，在一条胡同口上停住了。月容正是惆怅，怎在这静静的馆子里 **吃饭** ？信生会了车钱，却把她向一座朱漆大门的屋子里引，看那房子里，尽

图 4-21　检索式"吃饭"在"文学"语料中的检索结果

2. 离合词扩展形式

离合词扩展形式的检索可以依据离合词中间扩展成分的内容或长度来进行。检索式如下，解读示例如下。

```
吃 . 饭
```

该检索式表示查询离合词"吃饭"中间插入一个汉字的情况：在"吃"和"饭"之间使用通配符"."表示任意一个汉字，增加"."的数量可以表示更长的中间成分。检索式"吃.饭"在"多领域"语料中的统计结果节选如图 4-22 所示。

吃个饭	3027
吃饱饭	1017
吃好饭	569
吃上饭	287
吃过饭	196
吃餐饭	116

图 4-22　检索式"吃.饭"在"多领域"语料中的统计结果节选

该检索式也可以限制离合词中间扩展成分为任意一个词。

检索式如下，解读示例如下。

```
吃 ～ 饭
```

对于 BCC 语料库，检索式中的"～"表示任意一个词。通过该检索式，可以获得任意一个词作为中间扩展成分插入离合词"吃饭"内部的使用实例。

另外，用户也可以将"～"替换为"@"符号达到相同的查询目的。在获

取实例结果时，"@"符号与"～"的作用相同，表示任意一个词；在获取统计结果时，"@"表示任意一个词性，即按词性分类进行统计，而不是按具体的词语。检索式"吃～饭"在"多领域"语料中的统计结果节选如图 4-23 所示。检索式"吃 @ 饭"在"多领域"语料中的统计结果如图 4-24 所示。

结果如下。

吃个饭	3067
吃饱饭	1051
吃好饭	577
吃中午饭	272
吃过饭	210
吃什么饭	139

图 4-23　检索式"吃～饭"在"多领域"语料中的统计结果节选

吃+a+饭	66
吃+r+饭	26
吃+t+饭	15
吃+Ng+饭	12
吃+j+饭	9
吃+y+饭	6

图 4-24　检索式"吃 @ 饭"在"多领域"语料中的统计结果

除了在离合词中间插入通配符来实现离合词的检索，BCC 语料库交互式查询语言还支持使用自定义的离合符号"*"来表示离合的含义，实现离合情况查询。

检索式如下，解读示例如下。

```
吃 * 饭
```

该检索式查询的是，"吃"和"饭"在同一个小句内离合出现的情况。其中，符号"*"表示该符号两侧的内容非紧邻出现，但不跨小句。该检索式可获取"吃"和"饭"所有离合出现的情况，中间扩展成分除了不能包含标点符号，没有内容和长度限制。检索式"吃 @ 饭"在"文学"语料中的检索结果如图

4–25 所示。

，饭桌上摆着一桌香喷喷、热腾腾的好菜好饭。玉子说=这是我请你	**吃的饭**	；你现在是我的客人。保管你吃得好，穿得好，睡得好；只是我有一道
答应了，萝不好意思不答应，所以四个人不久就到××楼吃饭去了。	**吃过饭**	后萝要回去，问士平先生同陈白是不是就要转学校。陈白说："还想同
母亲听来笑了半天。第二次送鸡蛋去时，三三也去了，那时是下午，	**吃过饭**	后不久，两人进了团总家的大院子。在东边偏院里，看到城里来的那个
一团躺到床上去，用一点空气和一点希望，代替了那一顿应吃而不得	**吃的饭**	食。近于奇迹似的，在极短期间中，画居然进步了，所指望的文章，也
习武艺时，弟子儿郎们便各自扛了武器到操坪去。天气炎热不练武，	**吃过饭**	后就带领一群小孩，并一笼雏鸭，拿了光致致的小鱼叉，一同出城下河
刀小锯作小木车，重新引起我对于自己这双手感到使用方式的怀疑。	**吃过饭**	后，朋友说起他的织袜厂最近所遭遇的困难，因原料缺少，无从和出纱

图 4–25　检索式“吃 @ 饭”在“文学”语料中的检索结果

离合词这一语言现象远比上面列举的情况复杂，但仍可以利用 BCC 语料库提供的检索功能，从模糊的形式入手，在检索过程中不断明确检索需求，优化检索式，以获取更接近于检索目标的结果。

4.3　短语检索

短语是由语法上能够搭配的词组合起来的没有句调的语言单位。BCC 语料库中的语料大部分经过了分词词性标注和组块结构分析，包含了词性标记、组块功能属性标记等句法结构信息，因此，可以借助组块的属性标记来进行短语的检索。下文以述补短语的获取为例进行说明。

述补短语可以简单描述为，述语块后接补语块，中间可能存在“得”作为补语标记。

检索式 1 如下。

```
VP-PRD[VP-PRD[ ]NULL-MOD[ ] ] { }Context
```

检索式 2 如下。

```
VP-PRD[VP-PRD[  ]NULL-MOD[得 *] ]{ }Context
```

解读示例如下。

上述两个检索式用于获取两种类型的中补短语：第一个检索式用于获取不带有结构助词“得”的中补短语及其上下文；第二个检索式用于获取带有结构助词“得”的中补短语及其上下文。

检索结果示例 1 如下。

这份提案<Q>答复及时</Q>。

<Q>召回及时</Q>、原因可查清、责任可追究。

要严格执行热点核查规定，坚持有火必报、报扑同步，确保遇有火情<Q>处置及时</Q>。

一些公司网站疏于管理、网上内容匮乏、信息<Q>更新不及时</Q>、对用户有帮助的服务内容不多，需加强管理，提高应用水平。

县级民政、扶贫部门要定期会商交流农村低保对象和建档立卡贫困人口变化情况，指导乡镇政府（街道办事处）及时更新农村低保对象<Q>更新及时</Q>，每年至少比对一次台账数据。

检索结果示例 2 如下。

确保省级储备粮的管理<Q>调得动</Q>、用得上，并节约成本、费用。

为贯彻落实省政府关于授权和委托用地审批权的相关部署和要求，确保省政府授权和委托用地审批事项<Q>管得好</Q>，特制定本方案。

各地、各部门要抓紧做好取消和下放行政许可事项的落实和衔接工作，相应调整权责清单，制定完善事中事后监管措施，采取"双随机、一公开"监管、重点监管、信用<Q>放得开</Q>、接得住、管得好。

要紧密结合商事制度改革总体部署，牢牢把握简政放权、惠企便民<Q>放得开</Q>、接得住、效果好。

各级农业农村部门要建立联系服务制度，采取联村联企的点对点服务方式，统筹<Q>供得上</Q>、不脱销、不断档。

建设专项整治子系统，在线部署下达整治任务，相关部门接收后组织实施，实施情况全程记录，确保整治<Q>管得住</Q>。

为了方便用户参照，下文列出了不同类型短语的检索式示例及检索结果例句。

1. 主谓短语

检索式 1 如下。

```
NP-SBJ[]VP-PRD[] w{}Context
```

检索结果示例 1 如下。

<Q>各相关部门要密切配合</Q>，形成工作合力，抓好工作落实。

检索式 2 如下。

```
VP-PRD[NP-SBJ[]VP-PRD[]]{}Context
```

检索结果示例 2 如下。

农作物秸秆综合利用<Q>意义重大</Q>

2. 动宾短语

检索式如下。

```
VP-PRD[]NP-OBJ[]{}Context
```

检索结果示例如下。

安徽省<Q>完成全国政府网站信息报送系统信息填报工作</Q>。

3. 述补短语

检索式 1 如下。

```
VP-PRD[VP-PRD[]NULL-MOD[]] {}Context
```

检索结果示例 1 如下。

要严格执行信息核查规定，确保遇有火情<Q>处置及时</Q>

检索式 2 如下。

```
VP-PRD[VP-PRD[]NULL-MOD[得 *]]{}Context
```

检索结果示例 2 如下。

落实好现有人才支持政策，确保人才<Q>用得好</Q>。

4. 联合短语

检索式 1 如下。

```
VP-PRD[v] NULL-CON[]VP-PRD[v]{}Context
```

检索结果示例 1 如下。

由农业<Q>持有和管护</Q>

检索式 2 如下。

```
NP-OBJ[n和n]{}Context
```

检索结果示例 2 如下。

所述点火针包括<Q>绝缘部和导电针</Q>

5. 定中短语

检索式 1 如下。

```
NP-OBJ[ * 的 n ]{ }Context
```

检索结果示例 1 如下。

社保卡持卡人数覆盖<Q>89.5%的常住人口</Q>

检索式 2 如下。

```
NP-OBJ[ * n ]{ }Context
```

检索结果示例 2 如下。

建设<Q>重要生态屏障区</Q>

6. 状中短语

检索式如下。

```
VP-PRD[ NULL-MOD[ ]VP-PRD[ ] ]{ }Context
```

检索结果示例如下。

尽管增速<Q>略有放缓</Q>，但在世界主要经济体中仍是最高的。

7. 连谓短语

检索式 1 如下。

```
VP-PRD[] n VP-PRD[ ]{ }Context
```

检索结果示例 1 如下。

电磁法在河底设置线圈，<Q>通入电流产生</Q>磁场，水流切割磁力线，产生与水流速度呈正比的电动势。

检索式 2 如下。

```
VP-PRD[*了] VP-PRD[ ] w { }Context
```

检索结果示例 2 如下。

妈妈一走，我就赶紧推开窗呼吸新鲜空气，还到厨房拿了一个苹果<Q>削了吃，</Q>

8. 兼语短语

检索式 1 如下。

```
VP-PRD[*使 ] NP-OBJ[ ] VP-PRD[ ]{}Context
```

检索结果示例 1 如下。

所在螺杆（1）<Q>使弹簧不跟随</Q>螺杆（3）一起转动。

检索式 2 如下。

```
VP-PRD[ ] r VP-PRD[ ]{}Context
```

检索结果示例 2 如下。

特朗普也对麦凯恩表示感谢，<Q>称他是</Q>"非常勇敢的人"。

9. 量词短语

检索式 1 如下。

```
NP-OBJ[ m q *]{ }Context
```

检索结果示例 1 如下。

襄河口闸有<Q>16.1米</Q>

检索式 2 如下。

```
NP-OBJ[ r q * ]{ }Context
```

检索结果示例 2 如下。

想起<Q>那些年</Q>，巴拉有些唏嘘。

10．方位短语

检索式如下。

```
NULL-MOD[* n f ]{ }Context
```

检索结果示例如下。

爸爸二话不说，把西瓜装在<Q>袋子里</Q>，和我一起匆匆下了楼，找到了卖西瓜的人。

11．介词短语

检索式如下。

```
VP-PRD[NULL-MOD[ p * ]VP-PRD[ ] ]{ }Context
```

检索结果示例如下。

<Q>由省、市按城际铁路出资比例垫付</Q>

12．助词短语

检索式如下。

```
NP-OBJ[ 所 v * ] { } Context
```

检索结果示例如下。

是指<Q>所办企业的主管部门</Q>

4.4　构式检索

　　一般认为，构式是由多个词语组成的形式和意义都较为固定的单位，具有形义一体化的特点，整体意义不是其组成成分意义的简单相加，根据有无变项，可以分为无变项型构式和有变项型构式两类。长久以来，构式是应用语言学研究中最受关注的领域之一，也是第二语言教学研究的主要对象。因此，不管是服务于语言学本体研究，还是服务于第二语言教学研究，构式实例的抽取十分重要。

　　目前，由于搜索引擎和通用语料库检索功能有限，语料规模较小，很难大批量精确获取符合相应构式形式的真实语言实例。BCC 语料库以服务于语言学本体研究和应用研究为主要目标，设计并实现了丰富的语料库检索功能，能够实现对构式实例的有效查询。BCC 语料库交互式查询语言通过对字符、属性标记、符号标记等内容的组合运用，能够准确描述出构式的成分特征和形式特征，从而获得对应的语言实例。本小节利用 BCC 语料库交互式查询语言对不同类型的构式进行抽取。

4.4.1　无变项型构式的检索

无变项型构式，也叫作凝固型构式，其功能一般相当于传统语法单位中的词，但一般由多个词组合而成，例如，成语、俗语等。凝固型构式的检索策略与常规词语或短语的检索相同。

检索式如下，解读示例如下。

```
VP-PRD[有一拼] { }Context
NP-OBJ[*创业热] { }Context
```

以上两个检索式用于获取两个凝固型构式的上下文，以探索其在具体语用中的意义，示例结果如下。

```
这个饼俺周日刚刚做过，和他<Q>有一拼</Q>。
这人情况好复杂，跟我<Q>有一拼</Q>,哈哈……
这孩子以后有出息和我小时候<Q>有一拼</Q>。
哈哈~~和我家的宝贝儿<Q>有一拼</Q>……
······
马鞍山含山县"景点节庆"模式催生<Q>创业热</Q>。
中国将继续加强与77国集团全方位合作，门槛低了<Q>创业热</Q>了
您如何看待青年<Q>创业热</Q>?
大学生<Q>创业热</Q>是我国经济转型发展的必然要求
那么在<Q>创业热</Q>的情势下，还有什么前景好的创业项目呢?
移动互联网时代的"95后"大学毕业生的就业新动向，新动向之一是首选就业，<Q>创业热</Q>和出国热
······
```

4.4.2　有变项型构式的检索

有些构式不仅存在常项，也存在变项，根据构式内部变项个数的不同分

为单变项构式与多变项构式两类。其中，单变项构式是构式内部只有一个变项的构式，例如，"在……上、对于……而言、a 不到哪里去、a 了去了"等。多变项构式是构式内部有两个或两个以上变项的构式，例如，"没有比 x 更 y 的了"等。

1. 单变项构式

一般来说，单变项构式内部只有一个变项，介词框架即是一种典型的单变项构式，被认为是广泛意义上的构式。根据常项的数量，可以将介词框架分为单常项的介词框架和双常项的介词框架两种。其中，单常项的介词框架一般由一个介词和其介引成分组成。其中，介词为常项，介引成分为变项。

检索式 1 如下。

```
NULL-MOD[ p (～) ] {len($1)<5 }Context
NULL-MOD[ 在 (～) ] {len($1)<5 }Context
```

在上述检索式中，第一个检索式试图检索的是由介词作为常项的一类单变项构式，形如"p ～"；第二个检索式试图检索的是由介词"在"作为常项的一个单变项构式，形如"在 ～"。为了便于观察结果，两个检索式均限制了介引成分是一个词，且词长不超过 5 个字符。

解读示例如下。

```
<Q>在中国</Q>从事媒体工作。
共享单车<Q>在中国</Q>广受欢迎。
<Q>对此</Q>进行了深入调查。
爸爸，<Q>给我</Q>检查作业。
有一次，一个朋友<Q>给我</Q>讲了两个故事。
回到家后，妈妈<Q>给我</Q>做了许多好吃的。
留点骄傲<Q>给自己</Q>不是所有的士兵都可以成为将军。
哥哥<Q>把他</Q>带回家，送到拉马底村卫生站。
……

1929年，电影<Q>在奥斯陆</Q>首映。
1927年1月<Q>在柏林</Q>试映，长度在153分钟左右。
昨日，位于汉口永清小路的<Q>在报名点</Q>引起了不少家长的议论。
……
```

双常项的介词框架是由两个常项与一个介引成分组成，整体作为修饰语。其中，两个常项位于介引成分的两端，一般为介词与方位词。双常项的介词框架检索示例如下。

检索式 2 如下。

```
NULL-MOD[ p * f ]{ }Context
NULL-MOD[ 在 * 上 ]{ }Context
```

在上述检索式中，第一个检索式试图检索的是由介词和方位词前后组成的一类双常项单变项构式，其形如"p * f"；第二个检索式试图检索的是由介词"在"和方位词"上"前后组成的一个双常项单变项构式，其形如"在 * 上"。

解读示例如下。

> 我躺<Q>在小床上</Q>，翻来覆去怎么也睡不着。
> 装<Q>在机场内</Q>，发出白、绿相间的强烈闪光。
> 这样就可以遨游<Q>在天空中</Q>，多自在呀！
> 每次吃饭的时候，我就跟堂哥一起坐<Q>在门口的台阶上</Q>，逗那一大一小两只狗。
> 所述检测方法<Q>在 1 m s 内</Q>，符合高速检测车的使用要求。
> <Q>在当地一座篮球馆内</Q>，分享阿里带给他们的故事和感动。
> 玻璃管固定<Q>在表盘上</Q>，飞机水平直线飞行时，小球位于玻璃管的中央。
>
> <Q>在夏微家年夜饭的"菜单"上</Q>看到：炒青豆、家常豆腐、蒸在大别山，大年初一是新年的第一天，也是小孩最高兴的一天，穿新衣拜年不仅有红包还有好吃的糖果。
> 躺<Q>在高福利的"温床"上</Q>，早早退休在家，拿着丰厚的养老金成了不少欧洲人的梦想。
> 据《新京报》报道<Q>在"出租车"上</Q>。
> 平日<Q>在"战场"上</Q>摸爬滚打，又是怎样一番景象呢？
> 看"撒尿小男孩"（MannekenPis），买巧克力，<Q>在世界遗产所在地的"大市集广场"上</Q>留影。
> 注重制度保障，<Q>在"监督检查"上</Q>下功夫。

框式介词作为一种句法现象，在语言学研究中起着重要作用。同样地，其检索需求也远比上面所列出的示例复杂，但用户可以在这两个检索示例的基础上加入其他限制条件，从而适应不同的检索需求。

除了介词框架，其他词性与汉字的固定组合也是单变项构式的一种。下文以"n+ 百出"与"a+ 不到哪里去"为例进行说明。

检索式 3 如下。

```
n百出{ }Freq
```

上述检索式试图检索如"错误百出"这样的一个名词后接"百出"形成的新词语（组块）。其检索式的书写并无特殊之处，对于类似构式的检索只须准确描述其形式即可。

解读示例如下。

> 我所遭遇的这起事件其实反映出当前城管工作<Q>问题百出</Q>的根源之一。
> 历代行书<Q>名家百出</Q>，行书风格多样、个性丰富。
> <Q>怪招百出</Q>，也让诸多观众激情洋溢，如痴如醉。
> 但是，草案的<Q>错漏百出</Q>，又增添了市场的疑虑。
> 带着有色眼镜研究历史必然过滤掉真相，本末倒置<Q>谬误百出</Q>、矛盾丛生。
> 正同其他艺术品一样，我国的茶叶罐制作艺术可谓<Q>精品百出</Q>。
> ······

"n+ 百出"整体功能类似于词，也有一些单变项构式的整体功能类似于短语。下面以"a 不到哪里去"为例来说明。

检索式 4 如下。

> a 不到哪里去{ }Context

该检索式检索的是"a 不到哪里去"的实例及上下文。

解读示例如下。

> <Q>坏不到哪里去</Q>，不要着急"，"山穷水尽疑无路，柳暗花明又一村"。
> 与收入相比<Q>贵不到哪里去</Q>！
> 她们找到一起烫头的另外一个女同事李梅，李梅<Q>好不到哪里去</Q>。
> 如果单看韩国蜜月旅行我是挺心动的，但花销<Q>低不到哪里去</Q>，现在经济不景气，
> 刚结婚过小日子，能省还是省点吧。
> 他说，货币政策本身对资本市场的调控<Q>紧不到哪里去</Q>。
> 其实不尽然，踩着十厘米高跟鞋的少女，举步维艰，一看就知道不舒服；浅口鞋面上，
> 脚背都露出来了，<Q>舒服不到哪里去</Q>。
> ······

我们也可以进一步考察"～不到哪里去"这一构式中的词语类型，例如，不限制"～"位置的词语。

检索式 5 如下。

> ～ 不到哪里去{}Freq

该检索式检索的是"～不到哪里去"的实例及上下文。

解读示例如下。

> 不过，想必这趟旅程也<Q>愉快不到哪里去</Q>。
> 天冷，传统的老棉裤、老棉袄倒是退出了，但似乎也<Q>新式不到哪里去</Q>。
> 但现代人也<Q>舒服不到哪里去</Q>。
> 能说这话的人<Q>理智不到哪里去</Q>。
> 我闲庭信步地走上讲台，拿着试卷扭头就走，心想："反正考得也<Q>差不到哪里去</Q>。

> 太阳火辣辣的，可我还得去补习，心情自然<Q>好不到哪里去</Q>。

2. 多变项构式

一般来说，多变项构式内部有两个或两个以上的变项。下文先以有两个变项的构式"v 来 v 去"为例进行说明。

检索式 1 如下。

```
(v)来(v)去{$1=$2}Context
```

试图检索"v 来 v 去"的实例及上下文。对于有两个变项的构式"v 来 v 去"，充当该构式中的动词要求必须是两个一样的词语。通过字符和词性的组合，写出其词性字符序列，并对两个动词加以限制，从而获取"v 来 v 去"的语料。

解读示例如下。

> 在圣陶沙岛上，观光车轻便地把游人<Q>驮来驮去</Q>。
> 所以尽管伙计们把米袋<Q>折腾来折腾去</Q>，而鼎盛粮行的米卖不了多少。
> 双方家人都担心自家孩子吃亏，<Q>掺和来掺和去</Q>，夫妻间的小摩擦最终闹到不可收拾的地步。
> 眼看他要上小学了，<Q>考虑来考虑去</Q>，还是让他到小学寄宿去。
> 当夜大哥骑车驮我走<Q>绕来绕去</Q>，天亮才到达南通码头。
> 这时，一只狗站在我的对面，我定睛一看，正是小花，我欣喜若狂，向小花招手，小花就过来了，还在我身上<Q>挨来挨去</Q>，好像也很想念我。

需要说明的是，有些多变项构式是跨标点在句子内出现的。下文以"v 也不是，不 v 也不是"为例来说明。

检索式 2 如下。

```
v 也不是，不 v 也不是{ }Context
```

试图检索"v 也不是，不 v 也不是"的实例及上下文。

解读示例如下。

> <Q>吃也不是，不吃也不是</Q>。
> 弄的我<Q>放弃也不是，不放弃也不是</Q>。
> 又看看身边的同学，想了一会儿，卷子上还是一片空白，笔停在半空，<Q>写也不是，不写也不是</Q>。

正如上文所述，我们还可以对充当变项的词性进行其他方面的限制，例如，音节长度等。其检索实例形如 (v) 也不是，不 (v) 也不是，{len($1)=1;len($2)=1}Context。其结果和解读本小节不再赘述。

4.5　句子检索

4.5.1　单句检索

在 BCC 语料库同样可以对句型、句式进行检索，只须将句型和句式的形式以词语、词性或标点的组合描写成检索式即可，本小节以"是……的"的检索为例进行说明。

检索式 1 如下。

```
是 * 的 w{}Context
```

这一检索式是为获得"是……的"句式。这一句式的典型特征是包含两个固定词"是""的"，且两个词语离合存在，最后以标点符号表示句子的边界。

解读示例如下。

> 知识<Q>是不会"无力"的，</Q>关键看个人的后期努力。
> 真正深入基层、<Q>是"热气腾腾"的，</Q>你自然就会变得眼界开阔。
> 作为普通老百姓<Q>是可亲可爱的，</Q>也会逗趣卖萌。
> 当然，中国书画展、手工艺表演也<Q>是他喜爱的，</Q>让他感觉不到是在国外生活。
> 这就<Q>是我们班的"</Q>英语大王"顾问同学，是我们学习的楷模。
> 郑嘉说，文婷姐妹的表现无疑<Q>是最棒的，</Q>但是还有上升的空间。
> 徐老师常常教我们《弟子规》，它不<Q>是拿来背的，</Q>它是拿来做的。

观察检索结果可以发现，直接以上述检索式进行检索时，会存在大量的噪声，因此，在初步观察分析语料后，可以采用"[ ]"对标点符号进行限制，以缩小范围，例如，"[。！？]"（请注意，标点符号之间存在空格）表示结尾的标点符号是句号、感叹号或是问号任意之一即可。

检索式 2 如下。

```
是 * 的 (w){equ($1)=[。 ！ ？ ]}Context
```

这一检索式是在观察检索式 1 的结果后重新进行限制而制定的检索式，通过将句子的结尾标点符号限制在有限的符号内，从而提高检索精度。

解读示例如下。

> 原子钟所依据的理论主要是微波分光学，它<Q>是在电磁学和原子物理学的基础上形成的。</Q>
> 社会零售商品购买力<Q>是通过社会总产品、国民收入的分配和再分配形成的。</Q>

深海热液体系<Q>是如何孕育独特的矿产资源和生物资源的？</Q>
它<Q>是在航空技术和电子技术发展过程中逐渐形成的。</Q>
它<Q>是由西北辐合带的表层水下沉后形成的。</Q>
生态农业就<Q>是在这种历史背景下产生的。</Q>
你<Q>是逃不掉的！</Q>
多数情况下，他们<Q>是通过与世界互动进行"无监督学习"的。</Q>

需要说明的是，以下句式的检索式可以方便用户使用时作为参考示例。

1. 动词谓语句

检索式如下。

```
NP-SBJ[ ]VP-PRD[v]NP-OBJ[ ]{ }Context
```

检索结果示例如下。

自然界最常见的是线状闪电，<Q>它最主要的特征是细亮的发光光柱</Q>。

2. 形容词谓语句

检索式如下。

```
NP-SBJ[ ]VP-PRD[a]{ }Context
```

检索结果示例如下。

各地分会场座席<Q>布局合理</Q>。

3. 名词谓语句

检索式如下。

```
NP-SBJ[] NP-NPRE[ ]{ }Context
```

检索结果示例如下。

1928年，<Q>我12岁</Q>，学戏一年多了。

4. 动词性非主谓句

检索式如下。

```
VP-HLP[ v ]{ }Context
```

检索结果示例：

<Q>例如</Q>，国际互联网缩短了人与人之间的距离。

检索式如下。

```
VP-HLP[ (v) ](w){mid($1)!=[如]; equ($2)=[。 | ？ ] }Context
```

检索结果示例如下。

<Q>没了？</Q>对，已经没了

5．形容词性非主谓句

检索式如下。

```
VP-HLP[ a ]{ }Context
```

检索结果示例如下。

<Q>聪明</Q>。

6．名词性非主谓句

检索式如下。

```
NP-HLP[ n ] { }Context
```

检索结果示例如下。

<Q>古诗古文</Q>，她张口就来。

7．叹词句

检索式如下。

```
e{ }Context
```

检索结果示例如下。

记者：这是《政治学原理》？康传纲：<Q>嗯</Q>，18份。

8．拟声词句

检索式如下。

```
NULL-HLP[ o ]  { }Context
```

检索结果示例如下。

"<Q>哒哒</Q>"，这是春雨娃娃在和屋顶齐鸣的节奏。

9．主谓谓语句

检索式如下。

```
NP-SBJ[]VP-PRD[NP-SBJ[]VP-PRD[]]{ }Context
```

检索结果示例如下。

</Q>工伤保险基金全省统一集中管理</Q>。

10．"把"字句

检索式如下。

```
VP-PRD[NULL-MOD [把 * ]VP-PRD[ ] ]{ }Context
```

检索结果示例如下。

<Q>把安全产业纳入</Q>各级政府重点支持的战略产业范围。

11. "被"字句

检索式如下。

```
VP-PRD[NULL-MOD [被 * ]VP-PRD[ ] ]{ }Context
```

检索结果示例如下。

如果<Q>被聘用</Q>，如何开展工作?

12. 连谓句

检索式如下。

```
VP-PRD[ ]NP-OBJ[]VP-PRD[ ] NP-OBJ[] { }Context
```

检索结果示例如下。

王阿姨<Q>去市场买菜</Q>。

13. 兼语句

检索式如下。

```
VP-PRD[] r VP-PRD[]{ }Context
```

检索结果示例如下。

潘莲琴<Q>常称自己是</Q>"新平潭人"，她说，"希望平潭能更开放、更美好"。

14. 双宾句

检索式如下。

```
VP-PRD[ ]NP-OBJ[ ]NP-OBJ[ ]{ }Context
```

检索结果示例如下。

对跨境电子商务经营主体及商品实施备案管理和分类监管，<Q>给予跨境电子商务标杆企业更多便利化措施</Q>。

15. 存现句

检索式如下。

```
NULL-MOD[s * ]VP-PRD[ ]NP-OBJ[ ]{ }Context
```

检索结果示例如下。

<Q>楼下的KTV里有个姐姐</Q>唱《你一定要幸福》。

16. 比较句

检索式如下。

```
NULL-MOD[ 比 * ]VP-PRD[ ]{ }Context
```

检索结果示例如下。

奖牌总数<Q>比上届多</Q>17.5枚，排名提升5位。

4.5.2 复句检索

与短语检索和单句检索不同，复句检索的需求更复杂，也更多变。复句检索的意义通常由形式承载，利用该特点，BCC 语料库交互式查询语言可以借助关联词语对复句进行检索。以是否带有关联词语及关联词语数量进行分类，复句可以分为不带有关联词语的复句、合用关联词语的复句、单用关联词语的复句 3 种。由于不带有关联词语的复句没有形式特征，BCC 语料库尚不能实现对该类复句的检索，所以本小节以合用关联词语的复句与单用关联词语的复句为例进行复句检索的说明。

1. 合用关联词语的复句检索

并列复句即前后分句分别叙述或描写有关联的几件事情或同一事物的几个方面，常用的关联词有"一边……，一边……"等。

检索式如下，解读示例如下。

```
一边 VP-PRD[]，一边VP-PRD[]{}Context
```

使用"一边……，一边……"作为关联词的并列复句，与使用具体词语来进行的检索需求有相似之处，对于复句中使用连词作为关联词的句子，可以使用具体的连词来检索，也可以使用连词的词表或者词性来检索。

检索结果示例如下。

我会一边帮助他们摘取农作物，一边和他们聊天，尽情享受田园乐趣。
我蹒跚学步，被地上的石头绊倒大哭时，奶奶就会一边抱起我，一边踢走那块儿石头。

2. 单用关联词语的复句检索

单用关联词语的复句中的偏句表示行为，正句表示行为的目的。关联词语一般单用，以关联词语"为了"为例。

检索式如下，解读示例如下。

```
IP[为了*], IP[] {}Context
```

单用关联词语的复句与合用关联词语的复句在进入检索式时，二者最大的
区别是需要判断单用关联词语是出现在复句前一分句还是后一分句，抑或是中
间位置。

检索结果示例如下。

<Q>为了便于社会公众了解我省行政审批类项目的情况，现将本次清理文件后，在省政府及其部门文件中取消的、转为备案的行政审批类项目目录及废止的省政府规章目录予以公布，</Q>并就有关问题做出如下决定：一、自本决定公布之日起，凡列入取消项目目录的，一律取消或停止执行。

需要说明的是，复句的检索和句型、句式及短语搭配一样，都可以添加其
他限制条件来对检索范围进行缩放。

第5章
BCC 语料库脚本式编程语言

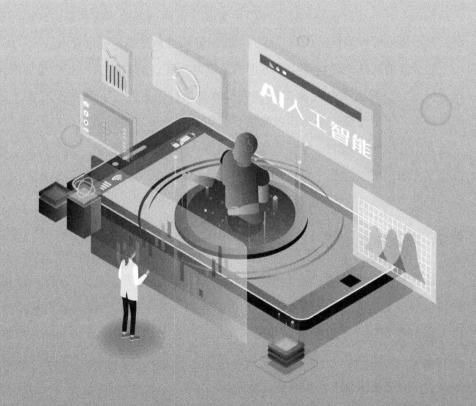

5.1　概述

BCC 语料库的语料包括序列和树两种形态。本书第 3 章介绍的 BCC 语料库交互式查询语言在序列和树两种形态的语料的基础上，进行建设和知识抽取，满足了用户对生语料、分词和词性标注语料、句法结构树语料的字检索、词检索、属性检索、结构检索等交互式检索需求。

BCC 语料库包含了数百 GB 的组块结构树语料（以下简称"结构语料库"）。相比于分词和词性标注语料，这些结构语料库包含了更多的语言信息，例如，组块边界信息、组块的性质和语法功能信息，以及不同粒度语言单元之间的句法结构关系等。而对于结构语料库使用交互式查询语言编写检索表达式进行查询，并不能很好地满足结构语料库的丰富特征和复杂逻辑的描述需求。

为了能够对结构语料库中多方面的语言知识实现有效挖掘，BCC 语料库设计了一套支持编程查询的 BCC 语料库脚本式编程语言，以下简称 BCC 脚本式编程语言。该编程语言将用户的检索目的以编程的形式进行描述，极大地扩展了查询语言的描述能力，能够实现结构语料中字检索、词检索、短语检索、属性检索（包括词法属性、语法属性等）及其灵活的组合检索等检索功能，同时能够满足二次检索、语料区间限制检索等复杂检索需求。

5.2　检索原理

针对复杂知识挖掘的检索需求，BCC 脚本式编程语言定义了语法结构树语料中的语言单元、语法属性、语法功能和结构关系的检索形式及检索规范，BCC 语料库实现了一套完整的能够满足语言单元检索、关系组合、条件限制、区间限制、词表操作、二次检索、输出限制等操作的 API 函数，通过在脚本中按照检索规范组织 API 函数来完成检索。

BCC 脚本式编程语言可以看作一种面向过程的程序设计语言，通过编写过程式脚本来表达检索需求。查询逻辑被分解成一系列需要完成的函数操作，检索逻辑完全由用户编写的脚本控制，因此，用户只有对脚本的执行流程有一个清晰的认识，才能够灵活组装 API 完成复杂的知识抽取。

在具体介绍 BCC 脚本式编程语言的语法规则和内容之前，本节首先对脚本的检索框架和检索单元进行简要说明，以期帮助用户更高效、合理地书写脚本，完成目标检索。

5.2.1　检索框架

以具体的检索需求为例，BCC 脚本式编程语言的执行流程说明如下。

检索需求：检索述宾结构并输出其所在的上下文。其中，述语是一个包含状语（NULL-MOD）的复杂述语，宾语是以"工作"结尾的体词性短语，同时限制述语和宾语的长度分别为 2 和 4。

检索式如下。

```
(VP-PRD[ NULL-MOD[] VP-PRD[] ])  (NP-OBJ[*工作]){len($1)=2;
len($2)=4}Context
```

检索脚本如下。

```
1 Condition("len($1)=2;len($2)=4")
2 Handle0 = GetAS("$VP-PRD", "", "", "", "", "", "", "", "0", "0")
3 Handle1 = GetAS("$NP-OBJ_作", "工作", "", "", "", "", "", "", "0", "1")
4 Handle2 = JoinAS(Handle0, Handle1, "Link")
5 Handle3 = GetAS("$NULL-MOD", "", "", "", "", "", "", "", "", "")
6 Handle4 = JoinAS(Handle2, Handle3, "SameLeft")
7 Handle = Context(Handle2, -1, 100)
8 Output(Handle, 100)
```

检索结果示例如下。

```
父亲<Q>是做</Q><Q>保安工作的</Q>，一个月也就800块钱。
我<Q>先做</Q><Q>准备工作</Q>。
现在<Q>很爱</Q><Q>我的工作</Q>，真的不想失去它。
因为生活拮据，我<Q>去做</Q><Q>这份工作</Q>。
前几天有去过上海<Q>去做</Q><Q>拍摄工作</Q>。
二是<Q>敢做</Q><Q>群众工作</Q>。
......
```

上述检索脚本中的每行都是一个函数调用，一个函数表示一个操作步骤，具体每行函数的功能介绍如下。

第 1 行的 Condition 函数用于为整个检索脚本设置约束条件，约束条件的作用范围从 Condition 函数调用的位置开始，到脚本结束。

第 2 行的 GetAS 函数用于完成针对检索单元 "$VP-PRD" 的基本查询，获取该检索单元的索引数据所在的区间。

第 3 行的 GetAS 函数用于完成以 "工作" 结尾的检索单元 "$NP-OBJ_ 作" 的基本查询，获取其索引数据所在的区间。

第 4 行的 JoinAS 函数用于对第 2 行 GetAS 函数的操作结果和第 3 行 GetAS 函数的操作结果按照关系 "Link" 进行组合，得到满足组合关系的结果。

第 5 行的 GetAS 函数用于完成针对检索单元 "$NULL-MOD" 的基本查询，获取该检索单元的索引数据所在的区间。

第 6 行的 JoinAS 函数用于对第 4 行 JoinAS 函数的操作结果和第 5 行 GetAS 函数的操作结果按照关系 "SameLeft" 进行组合，得到满足组合关系的结果。

第 7 行的 Context 函数根据第 6 行 JoinAS 函数得到的结果信息，获取这些结果实例，将索引转化为真正的语料内容，得到结果语料数据。

第 8 行的 Output 函数将结果语料通过网络输出给检索请求方。

示例脚本执行流程和数据流如图 5-1 所示。

上述示例脚本的执行流程可分为设置约束条件、查询、对查询结果执行功能操作、输出检索结果 4 个步骤。4 个步骤从下往上依次执行，具体介绍如下。

设置约束条件：由 Condition 函数完成。该脚本中设置的约束条件为：述语和宾语的长度分别为 2 和 4。约束条件设置完成后将对该脚本接下来的执行过程生效。

查询：主要包括基本查询和组合查询，分别由 GetAS 函数和 JoinAS 函数完成。其中，脚本中的 GetAS 函数和 JoinAS 函数调用构成一棵单支二叉树，整个查询按照二叉树后序遍历的过程执行，获得满足所有基本查询和组合查询的结果。

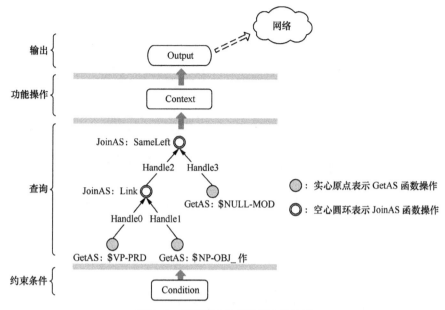

图 5-1　示例脚本执行流程和数据流

对查询结果执行功能操作：查询过程执行完成后得到的结果并不是实际的语料内容，而是包含了能够获得真实语料内容的一些信息。该步骤根据这些信息可以获得结果的实例及上下文，或者获得结果的实例及其统计频次，抑或是获取结果实例及其历时统计频次。示例脚本中的 Context 函数用于获得结果的实例及其上下文。

输出检索结果：输出功能操作步骤产生的检索结果。该脚本中使用 Output 函数将检索结果以网络服务的形式返回给语料库检索请求方。

BCC 脚本式编程语言整体检索流程如图 5-2 所示。

BCC 脚本式编程语言整体检索流程由约束条件设置、查询、功能操作、输出检索结果 4 个步骤组成。

其中，约束条件设置主要由 Condition、AddLimit、ClearLimit、SetBase 4 个函数完成，这 4 个步骤分别用于设置不同类型的约束条件。其中，SetBase 函数将前一个查询的检索结果设置为基点，在同一个脚本中，接下来的查询将在前一个查询的结果基础上进行二次查询。这些函数的具体用法和功能将在本书 5.3.3 节的条件约束中详细介绍。

查询分为基本查询和组合查询两种，这两种查询分别由 GetAS 函数和

JoinAS 函数完成。

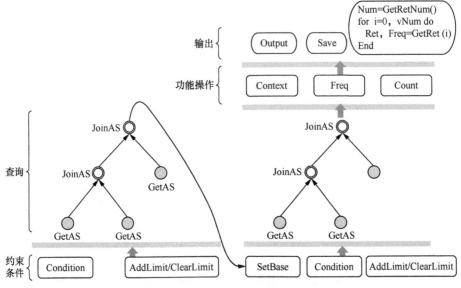

图 5-2　BCC 脚本式编程语言整体检索流程

功能操作由 Context、Freq、Count 3 个函数完成。这 3 个函数分别表示获取检索结果的实例及其上下文、获取检索结果的实例及其统计频次、获取检索结果的实例及其历时统计频次。

输出检索结果由 Output、Save、GetRetNum 和 GetRet 等函数完成。

需要注意的是，每个有语料查询功能的脚本必须包含查询、功能操作以及输出 3 个步骤。查询部分用于实现基础的原子查询及其组合查询，获取结果信息；功能操作根据结果信息获取目标结果形式，包括实例及其上下文、实例及其统计频次、实例及其历时统计频次；输出用于按照指定的方式输出最终检索结果，可以通过网络形式输出，也可以将结果直接保存到文件中，或对检索结果进一步处理和分析。

检索脚本编写完成后将其提交给 BCC 语料库服务，与 BCC 语料库系统实现交互，BCC 语料库系统根据检索脚本的内容从语料索引中计算获取检索结果，并将检索结果输出。

5.2.2　检索单元

检索时使用的检索单元通常是索引时的索引单元，一般是语料中的具体语言片段。索引揭示了语料中有检索意义的内容或形式特征。因此，要针对被索引数据的具体情况并结合用户的检索需要，选出合适的索引单元，为其配备适用的索引。语料库索引单元的设计应在语料特征的基础上，以检索需求为导向，什么特征具有被频繁检索的需求，什么特征的组合有利于提升知识抽取的准确率和效率，就将其作为重点索引对象，构建与之相关的索引单元，最大限度地利用有限的资源实现更加高效的语料检索性能。

典型的索引单元有字、词等。生语料常以字作为索引单元，不依赖于分词，实现起来比较容易，检索时也只能以字或者字的组合来查找。分词和词性标注语料通常以词和词性标记作为索引单元，以支持词检索和词性检索。对于句法结构树语料，语料包含了字、词、短语、词性标记、属性标记以及不同语言单元之间的语法结构关系。为了支持这些内容和关系的检索，索引单元也应做出相应调整。以下原始句子作为示例（EXAMPLE 1），具体说明如下。

原始句子：初步认识物质状态的影响。

组块结构分析如下。

[ROOT [IP [VP-PRD [NULL-MOD [d 初步]] [VP-PRD [v 认识]]] [NP-OBJ [n 物质] [n 状态] [u 的] [vn 影响]] [w [x 。]]]]]

EXAMPLE 1 的组块结构树形示意如图 5-3 所示。

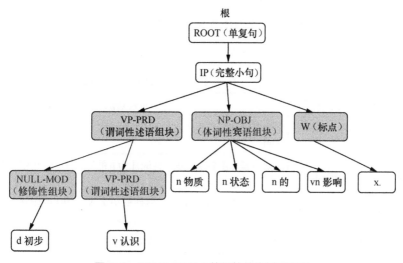

图 5-3　EXAMPLE 1 的组块结构树形示意

EXAMPLE 1 中的语言单元及属性信息见表 5-1。

表 5-1　EXAMPLE 1 中的语言单元及属性信息

字	初	步	认	识	物	质	状	态	的	影	响	。
词	初步		认识		物质		状态		的		影响	。
词性	d		v		n		n		u		vn	x
组块	初步		认识		物质状态的影响							。
	初步认识											
组块性质功能标记	NULL-MOD		VP-PRD		NP-OBJ							w
	VP-PRD											
小句标记	IP											
整句标记	ROOT											

为了对这些语料内容和形式特征实现快速查询，BCC 语料库脚本式编程语言设计了 8 种索引单元类型。这 8 种索引单元类型涉及字符、词性和性质功能标记（包括句标记）3 类语料特征。这 8 种索引单元的形式化表示分别为："|POS_HZ""HZ_POS|""|POS""POS|""$TAG_HZ""$TAG""<HZ""HZ>"。其中，POS 表示词性标记、HZ 表示任意一个字符（英语等语种下表示一个单词）、TAG 表示性质功能标记或句标记，符号"|""$""<"和">"用于标识不同的索引单元类型，"_"用于分隔不同的索引元素，均没有实质意义。需要注意的是，语料内容中出现的这些用于标识索引单元类型的特殊符号（"|""$""<"和">"）都已转换为对应的全角字符。因此，如果需要从语料库中检索这类字符，则需要使用全角字符进行查询。

EXAMPLE 1 的索引单元具体形式及其功能示例见表 5-2。

表 5-2　EXAMPLE 1 的索引单元具体形式及其功能示例

索引单元类型	索引单元	检索功能
|POS_HZ	|d_认	检索右紧邻字符为"认"且词性为 d 的词，对应例句中的"初步"一词
HZ_POS|	识_n|	检索左紧邻字符为"识"且词性为 n 的词，对应例句中的"物质"一词
$TAG_HZ	$NP-OBJ_响	检索以"响"为尾字符、属性标记为 NP-OBJ 的组块，对应例句中的"物质状态的影响"这一组块
|POS	|v	检索词性为 v 的词，对应例句中的"认识"一词
POS|	n|	检索词性为 n 的词，对应例句中的"物质"和"状态"两个词

索引单元类型	索引单元	检索功能
$TAG	$VP-PRD	检索属性标记为 VP-PRD 的组块，对应例句中的"初步认识"和"认识"两个组块
<HZ	< 物	检索汉字"物"
HZ>	。>	检索标点符号"。"

1. |POS_HZ

|POS_HZ 表示的索引单元为"| 词性 _ 该词性右紧邻词的首字符"。该类型索引单元可用于检索右紧邻字符为 HZ 且词性为 POS 的词语。例如，索引单元"|d_ 认"检索右紧邻字符为"认"的副词实例，检索结果示例如下。

```
<Q>初步</Q>认识
<Q>依法</Q>认定
<Q>一经</Q>认定
<Q>新</Q>认定
<Q>已经</Q>认购
<Q>进一步</Q>认清
<Q>不</Q>认为
```

以上示例中，<Q> 与 </Q> 之间的粗体内容是"|d_ 认"的查询结果，即副词的实例，副词右侧的词都以字符"认"为首，这里列出来仅为了说明查询结果所处的上下文环境。

在 BCC 语料索引库内部，|POS_HZ 类型索引单元的索引数据内容为词性 POS 右侧的紧邻字符串，且这些字符串都按字符顺序，从左到右进行排序。以"|d_ 认"为例，检索式"|d_ 认"索引数据组织形式示例如图 5-4 所示，索引数据内容都从"认"开始，从左到右进行了排序。基于这种内容和组织形式，该类型索引单元能够支持指定词性右侧的字符串，实现以词性为起点，向右侧延伸查询。例如，指定检索单元"|d_ 认"中副词 d 右侧的字符串为"认定"，检索结果示例如下。

```
<Q>初步认定</Q>
<Q>依法认定</Q>
<Q>一经认定</Q>
<Q>新认定</Q>
<Q>已认定</Q>
<Q>自认定</Q>
```

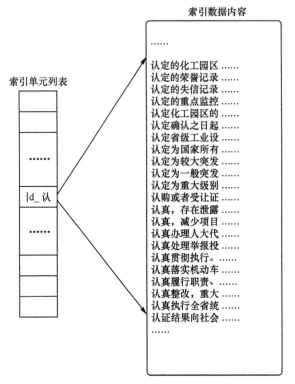

图 5-4 检索式"|d_ 认"索引数据组织形式示例

2. HZ_POS|

HZ_POS| 表示的索引单元为"左紧邻词的尾字符 _ 词性 |",该类型索引单元可用于检索左紧邻字符为 HZ 且词性为 POS 的词语。例如,"识 _n|"检索左紧邻字符为"识"的名词实例,结果示例如下。

```
辨识<Q>设备</Q>
标识<Q>信息</Q>
标识<Q>标牌</Q>
标识<Q>体系</Q>
常识<Q>技能</Q>
认识<Q>企业</Q>
知识<Q>讲座</Q>
......
```

<Q> 与 </Q> 之间的内容是"识 _n|"的查询结果,名词左侧的词都以字符"识"作为结尾。

该类型索引单元的索引数据内容为词性 POS 左侧紧邻的字符串，这些字符串都按字符序，从右到左进行了排序。以"识 _n|"为例，检索式"识 _n|"索引数据组织形式示例如图 5-5 所示。索引数据内容都从"识"开始，从右到左进行了排序。该类型索引单元能够支持指定词性左侧的紧邻字符串，实现以词性为起点，向左侧延伸查询。例如，指定检索单元"识 _n|"中词性 n 左侧的字符串为"充分认识"，检索结果示例如下。

```
<Q>充分认识城市</Q>
<Q>充分认识企业</Q>
<Q>充分认识食品</Q>
<Q>充分认识农村</Q>
<Q>充分认识自然</Q>
<Q>充分认识外贸</Q>
······
```

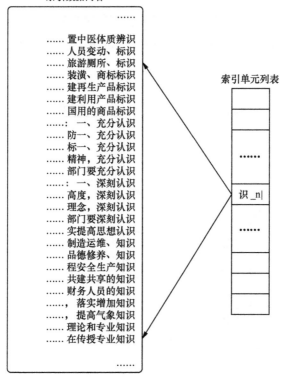

图 5-5 检索式"识 _n|"索引数据组织形式示例

3. |POS

|POS 表示的索引单元为"| 词性"。该类型索引单元可用于检索右紧邻任意字符且词性为 POS 的词语。例如，索引单元"|d"检索右紧邻任意字符的副词实例，检索结果示例如下。

```
<Q>真正</Q>实现
<Q>必须</Q>按
<Q>现</Q>提出
<Q>重新</Q>办理
<Q>未</Q>按
<Q>较</Q>多
······
```

以上"|d"的查询结果，副词右侧可以是任意字符。

在 BCC 语料索引库内，该类型索引单元与"|POS_HZ"类型的索引单元共用同一套索引数据。检索式"|d"索引数据组织形式示例如图 5-6 所示。索引单元"|d"指向了所有词性为 d 的"|POS_HZ"类型的索引单元。因此，"|POS"类型索引单元也支持指定词性右侧紧邻的字符串，实现以词性为起点，向右侧延伸查询。

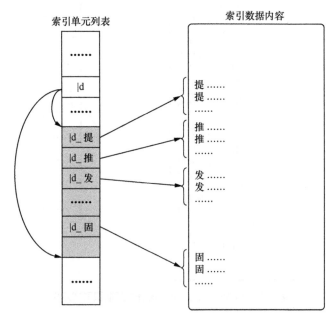

图 5-6　检索式"|d"索引数据组织形式示例

4. POS|

POS| 表示的索引单元为"词性|"。该类型索引单元可用于检索左紧邻任意字符且词性为 POS 的词语。例如，索引单元"n|"检索左紧邻任意字符的名词实例，检索结果示例如下。

```
、<Q>扬沙</Q>
的<Q>整体</Q>
省<Q>科技</Q>
商务<Q>人才</Q>
等<Q>设施</Q>
推进<Q>能源</Q>
......
```

以上是"n|"的查询结果，名词左侧可以是任意字符。

在 BCC 语料索引库中，该类型索引单元与"HZ_POS|"类型的索引单元共用同一套索引数据。检索式"n|"索引数据组织形式示例如图 5-7 所示。索引单元"n|"指向所有词性为 n 的"HZ_POS|"类型的索引单元。"POS|"类型索引单元能够支持指定词性左侧紧邻的字符串，实现以词性为起点，向左侧延伸查询。

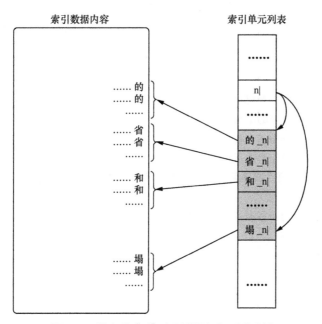

图 5-7　检索式"n|"索引数据组织形式示例

5. $TAG_HZ

$TAG_HZ 表示的是索引单元为"$ 属性标记 _ 块尾字符"。其中，属性标记包括了组块性质功能标记、小句标记和整句标记。该类型索引单元用于检索属性标记为 TAG 且尾字符为 HZ 的语言单元。属性标记所在的语言单元可能是短语、组块、小句或者整句。例如，"$NP-OBJ_ 响"检索以"响"为尾字符的名词性宾语块，检索结果示例如下。

> <Q>市场影响</Q>
> <Q>较大影响</Q>
> <Q>重大影响</Q>
> <Q>各类情况对电力运行可能造成的影响</Q>
> <Q>对企业生产经营活动的影响</Q>
> <Q>价格上涨对低收入群体生活的影响</Q>
> ……

以上 <Q> 与 </Q> 之间的内容均为名词性成分，且在句中充当宾语。

该类型索引单元的索引数据内容为属性标记所在的语言单元，这些语言单元同样会按字符序，从右到左进行排序。检索式"$NP-OBJ_ 响"索引数据组织形式示例如图 5-8 所示，索引数据内容从"响"开始，从右到左进行排序。$TAG_HZ 类型索引单元能够支持指定 TAG 所在的语言单元的后缀串，查询与后缀串匹配的语言单元。例如，指定检索单元"$NP-OBJ_ 响"的后缀串为"不利影响"，检索结果示例如下。

> <Q>重大不利影响</Q>
> <Q>大型水库库容调度对水生生物造成的不利影响</Q>
> <Q>施工过程对环境的不利影响</Q>
> <Q>规划实施对环境的不利影响</Q>
> <Q>中美经贸摩擦带来的不利影响</Q>
> <Q>规划和建设项目实施后可能受气象灾害、气候不利因素及可能对局地气候产生的不利影响</Q>
> <Q>新一轮疫情对我省服务业的不利影响</Q>
> <Q>不利影响</Q>
> <Q>已有不利影响</Q>
> ……

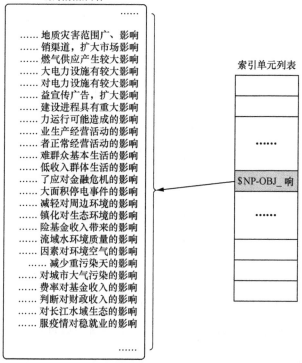

图 5-8　检索式 "$NP-OBJ_ 响" 索引数据组织形式示例

6. $TAG

$TAG 表示的索引单元为 "$ 属性标记"。该类型索引单元用于检索属性标记为 TAG 所在的语言单元，可能是短语、组块、小句或者整句。例如，"$NP-OBJ" 检索语料中所有的名词性宾语块，检索结果示例如下。

```
<Q>信息化科普产品创作</Q>
<Q>冰雪文学作品创作</Q>
<Q>秸秆覆盖还田保护性耕作</Q>
<Q>体育教练员队伍选拔工作</Q>
<Q>相应的处罚种类和幅度</Q>
<Q>中药材生产的良种覆盖度</Q>
<Q>资金审核进度</Q>
......
```

检索式 "$NP-OBJ" 索引数据组织形式示例如图 5-9 所示。

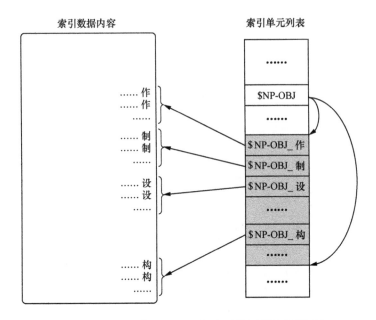

图 5-9　检索式"$NP-OBJ"索引数据组织形式示例

以上"$NP-OBJ"的查询结果，可以是语料中属性标记为 NP-OBJ 的任意的语言单元。

在 BCC 语料索引库中，该类型索引单元与"$TAG_HZ"类型的索引单元共用同一套索引数据。索引单元"$NP-OBJ"指向了以任意字符结尾，且属性标记为"NP-OBJ"的"$TAG_HZ"类型的索引单元。"$TAG"类型索引单元能够支持指定该语言单元的后缀串。

7.　<HZ

<HZ 表示索引单元为"< 字符"，用于检索以该字符为首的词语。该类型索引单元可用于检索左紧邻任意词性且首字符为"HZ"的词语。例如，索引单元"< 认"检索左紧邻任意词性，且首字符为"认"实例，检索结果示例如下。

```
资格<Q>认定</Q>
股东<Q>认购</Q>
资质<Q>认可</Q>
职权<Q>认领</Q>
思想<Q>认识</Q>
作用<Q>认识</Q>
社会<Q>认同</Q>
......
```

检索式"＜认"索引数据组织形式示例如图 5-10 所示。

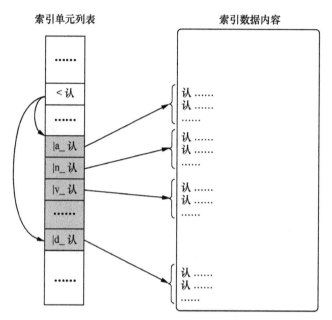

图 5-10　检索式"＜认"索引数据组织形式示例

以上"＜认"的查询结果，以"认识"为首字符的词语左侧可以是任意词性。

在 BCC 语料索引库中，该类型索引单元与"|POS_HZ"类型的索引单元共用同一套索引数据。在图 5-10 中，索引单元"＜认"指向了左紧邻任意词性且首字符为"认"的"|POS_HZ"类型的索引单元。"＜HZ"类型索引单元能够支持指定该字符右侧紧邻的字符串，实现以该字符为起点，向右侧延伸查询。

8. HZ>

HZ> 表示索引单元为"字符 >"，用于检索以该字符为尾的词语。该类型索引单元可用于检索右紧邻任意词性且尾字符为"HZ"的词语。例如，索引单元"识 >"检索右紧邻任意词性，且尾字符为"识"实例，检索结果示例如下。

```
<Q>认识</Q>发展
<Q>认识</Q>计量
<Q>认识</Q>和
<Q>认识</Q>加强
<Q>认识</Q>实施
<Q>认识</Q>加快
......
```

检索式"识 >"索引数据组织形式示例如图 5-11 所示。

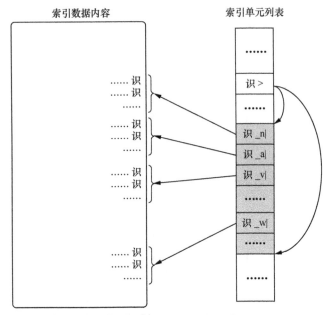

图 5-11　检索式"识 >"索引数据组织形式示例

以上"识 >"的查询结果，以"识"为尾字符的词语右侧可以是任意词性。

在 BCC 语料索引库中，该类型索引单元与"HZ_POS|"类型的索引单元共用同一套索引数据。索引单元"识 >"指向了右紧邻任意词性且尾字符为"识"的"HZ_POS|"类型的索引单元。"HZ>"类型索引单元能够支持指定该字符左侧紧邻的字符串，实现以该字符为起点，向左侧延伸查询。

5.3　BCC 脚本式编程语言设计

针对复杂知识挖掘的检索需求，BCC 脚本式编程语言定义了语法结构树语料中的语言单元、语法属性、语法功能和结构关系的检索形式和检索规范，BCC 语料库为之提供了一套较为完整的能够满足语言单元检索、关系组合、条件限制、区间限制、词表操作、二次检索、输出限制等操作的 API 函数，通过在脚本中按检索规范组织 API 函数来完成检索。语料库的检索对象同时也是 API 函数的操作对象，检索对象作为 API 函数的参数被传入 BCC 语料库，并在

BCC 语料库中完成与索引库及不同对象之间的交互，实现复杂的语料库检索。

　　本节主要从基本查询类 API、组合查询类 API、条件约束类 API、功能操作类 API、输出类 API 共 5 个部分对 BCC 编程语言进行介绍，并在最后给出部分检索脚本的示例。

　　除了检索单元 BCC 编程语言设计，API 函数是核心，BCC 编程语言共设计了 24 个 API 函数，按照功能作用划分为 6 类：基本查询类 1 个、组合查询类 1 个、条件约束类 5 个，功能操作类 3 个、输出类 5 个及辅助类 9 个。BCC 编程语言设计具体 API 函数名称及功能简要说明见表 5-3。

表 5-3　BCC 编程语言设计具体 API 函数名称及其功能简要说明

API 函数	功能	
GetAS	基本查询	
JoinAS	组合查询	
Condition	条件约束	为查询对象设置约束条件
AddTag		将值添加到指定的表中
GetTags		获取语料库服务中已添加的所有表名
GetTagsVal		获取指定的表的内容
ClearTag		删除指定的表
AddLimit		限制检索的语料区间
ClearLimit		清除由 AddLimit( ) 设置的区间约束
SetBase		为二次检索设置检索基点
Context	功能	返回检索对象实例及上下文
Freq		返回检索对象实例及其频数
Count		返回检索对象实例及其历时统计
Output	输出	以 Web 服务形式输出结果
Save		将检索结果离线保存到指定的文件中
Del		删除指定的结果文件
GetRetNum		获取返回结果数量
GetRet		获取第 i 个返回结果的内容及频次
OriOn		打印结果的出处信息

本节将对每个 API 函数的具体参数内容、功能进行详细介绍，并给出使用实例。其中，每个 API 函数的声明形式及参数类型均参照 C 语言语法，在所有的函数声明中，"_int64""int""char""char*""void"等都属于 C 语言中的数据类型，如果读者需要进一步了解其含义，则可自行查找相关资料。

5.3.1 基本查询

BCC 脚本式编程语言使用 GetAS 函数完成基本查询操作，GetAS 函数的使用示例如下。

```
_int64 GetAS(char * Unit, char * Query, char * Wave1, char *
Wave2, char * Wave3, char * Wave4, char * Bracket1, char *
Bracket2, char * Bracket3, char * Bracket4)
```

GetAS 函数的功能描述如下。

获取查询目标在索引数据中的范围：首先，获取参数"Unit"表示的是检索单元对应的索引单元信息及其所在的索引数据区间，并依据查询项"Query"在索引数据中进行二分查找，获取更精确的索引数据的范围。GetAS 函数基本查询操作流程示例如图 5-12 所示。

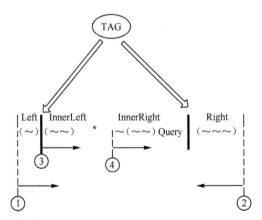

图 5-12　GetAS 函数基本查询操作流程示例

GetAS 函数的参数说明如下。

1．Unit

Unit 即检索单元，对应索引数据中的索引单元，即 5.2.1 小节中介绍的 8 种检索单元。

2．Query

Query 即查询项，根据检索单元类型的不同，查询项可能是检索单元左右紧邻的字符串，也可能是组块的后缀串。当检索单元是组块属性标记相关的索引单元时，查询项表示组块的右边界，即后缀串。在其他情况下，查询项是检索单元左右紧邻的字符串。查询项通常由一个确定的字符串构成，也可以使用通配符 "." 来表示。在汉语语料库中，"." 表示任意一个汉字，检索其他语种的语料库时，表示一个单词。例如，如果检索单元为图 5-12 中的 TAG，则该参数对应图 5-12 中的 Query，TAG 表示的是组块单元的右边界。

3．Wave1

Wave1 表示检索单元左侧出现的 "～" 通配符。"～" 表示任意一个词，数量可以是 0 个或多个。例如，如果检索单元为图 5-12 中的 TAG，则该参数对应图 5-12 中 Left 部分的通配符，即 "～"。

4．Wave2

Wave2 表示检索单元右侧出现的 "～" 通配符，可以是 0 个或多个。例如，如果检索单元为图 5-12 中的 TAG，则该参数对应图 5-12 中 Right 部分的通配符，即 "～～～"。

5．Wave3

当检索单元是属性标记类时，Wave3 表示在属性标记代表的语言片段内部左侧出现的 "～" 通配符，可以是 0 个或多个。例如，如果检索单元为图 5-12 中的 TAG，则该参数对应图 5-12 中 InnerLeft 部分的通配符，即 "～～"。

6．Wave4

当检索单元是属性标记类时，Wave4 在属性标记代表的语言片段内部右侧出现的 "～" 通配符，可以是 0 个或多个。例如，如果检索单元为图

5-12 中的 TAG，则该参数对应图 5-12 中 InnerRight 部分的通配符，即"~~~"。

7. Bracket1

该参数及后面的所有参数均以数值形式表示小括号的位置信息，多个数值之间用逗号或者空格分割。该参数表示以查询目标最左侧（包括通配符在内）为坐标原点，以词为单位，小括号所处的位置坐标。有多个小括号时，坐标数值从左往右，从小到大书写。这里的小括号与 BCC 交互式查询语言中用于成分限定的 ( ) 作用相同，也相当于正则表达式中的特殊字符"( )"（用于标记一个子表达式的开始和结束位置，获取的子表达式可以供后续使用）。例如，如果检索单元为图 5-12 中的 TAG，则该参数对应的坐标原点为虚线①所在的位置，参数值可以是"0，1"。

8. Bracket2

Bracket2 表示以检索单元最右侧（包括通配符）为坐标原点，以词为单位，小括号所处的位置坐标，有多个小括号时，坐标数值从左往右，从大到小书写。例如，如果检索单元为图 5-12 中的 TAG，则该参数对应的坐标原点为虚线②所在的位置，参数值可以是"4，0"。

9. Bracket3

Bracket3 表示针对属性标记类查询，以属性标记代表的语言片段的左边界为坐标原点，以词为单位，小括号所处的位置坐标。有多个小括号时，坐标数值从左往右，从小到大书写。例如，如果检索单元为图 5-12 中的 TAG，则该参数对应的坐标原点为实线③所在的位置，参数值可以是"0，2"。

10. Bracket4

Bracket4 表示针对属性标记类查询，以属性标记代表的语言片段内部查询项的左边界（包括通配符）为坐标原点，以词为单位，小括号所处的位置坐标。有多个小括号时，坐标数值从左往右，从小到大书写。例如，如果检索单元为图 5-12 中的 TAG，则该参数对应的坐标原点为虚线④所在的位置，参数值可以是"1，3"。

检索单元所在索引数据的区间，具体表现为 BCC 语料库服务中保存检索结果的变量的存储地址（内存地址）是一个 64 位整型数值。这些内存地址在被释放前都是固定的地址编码，内存地址的编码范围根据操作系统的位数不同而存在区别。

检索式示例如下。

```
(～)NP-OBJ[～～*～～～工作](～～～～){}Context
```

查询目标如下。

该检索式表示查询以"工作"结尾的体词性宾语（体词性宾语由体词性词语充当宾语，体词性主要是指具有名词性质）及其上下文。其中，NP-OBJ 表示体词性宾语，中括号 [ ] 内是对 NP-OBJ 的内容描述，上下文包括 NP-OBJ 短语前紧邻的一个词与 NP-OBJ 短语后紧邻的 4 个词。

检索脚本如下。

```
Handle0 = GetAS("$NP-OBJ_作", "工作", "～", "～～～～", "～～", "～～～",
"0, 1", "4, 0", "", "")
Handle = Context(Handle0, 0, 10000)
Output(Handle,  100)
```

检索结果示例如下。

```
<Q>完善</Q>体育教练员队伍选拔工作<Q>。鼓励通过人才</Q>
<Q>开展</Q>法律援助律师值班工作<Q>，总结推广刑事</Q>
<Q>完成</Q>省政府门户网站改版工作<Q>，实现省级省政府</Q>
<Q>组织</Q>专项资金使用项目的申报工作<Q>，加强项目审核</Q>
……
```

在示例脚本中，GetAS 函数的第一个参数"$NP-OBJ_ 作"是检索单元，也是索引中的索引单元，它与查询项"工作"一起被用于在索引数据中快速获取以"工作"为结尾的 NP-OBJ 短语所在的索引数据范围。

在检索脚本的执行过程中，语料库系统首先根据 GetAS 函数的第一个参数"$NP-OBJ_ 作"，获取该检索单元对应的索引数据区间，检索单元"$NP-OBJ_ 作"与查询项"工作"对应的索引数据如图 5-13 所示。图 5-13 中编号①表示的是索引数据区间，紧接着依据查询项"工作"在该索引数据区间中进行查找，获取到编号②表示的索引数据范围。

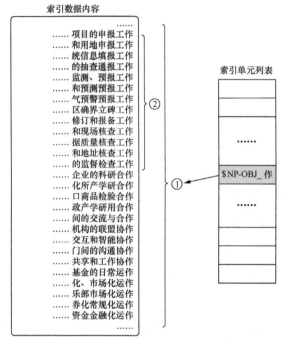

图 5-13　检索单元 "$NP-OBJ_ 作" 与查询项 "工作" 对应的索引数据

5.3.2　组合查询

BCC 脚本式编程语言使用 JoinAS 函数完成组合查询操作，JoinAS 函数的使用示例如下。

```
_int64 JoinAS(_int64 Handle1, _int64 Handle2, char * Relation)
```

JoinAS 函数的功能描述如下。

其功能是将 Handle1 和 Handle2 分别代表的检索结果按照关系 Relation 进行组合，返回组合后的结果集。

JoinAS 函数的参数的具体含义如下。

（1）Handle1

Handle1 可以是基本查询 GetAS 函数的返回结果，也可以是组合查询 JoinAS 函数的返回结果。

（2）Handle2

Handle2 可以是基本查询 GetAS 函数的返回结果，也可以是组合查询

JoinAS 函数的返回结果，但 Handle1 和 Handle2 不能同时是 JoinAS 函数的返回结果。

（3）Relation

Relation 是组合查询时需要满足的关系类型，BCC 脚本式编程语言设计了"＊""^""Link""ShareTag""ShareQuery""SameLeft""SameRight""InChunk""SameBoundary"共 9 种组合查询关系参数。

Relation 的返回值如下。

返回符合关系参数 Relation 组合后的查询结果集，具体为该结果集所在变量的存储地址（内存地址）。

Relation 的查询目标如下。

检索动宾结构并输出频次信息。其中，动词为"打击"，宾语是以"行为"结尾的体词性短语，"打击"和体词性宾语互相紧邻，在脚本中使用参数"Link"表示二者的紧邻关系。

检索式如下。

```
打击 NP-OBJ[～行为]{}Freq
```

检索脚本如下。

```
Handle0 = GetAS("击>", "打击", "", "", "", "", "", "", "", "")
Handle1 = GetAS("$NP-OBJ_为", "行为", "", "", "~", "", "", "", "", "")
Handle2 = JoinAS(Handle0, Handle1, "Link")
Handle = Freq(Handle)
Output(Handle, 100)
```

检索结果示例如下。

```
打击炒房行为        5
打击这种行为        4
打击拒载、绕路、议价行为            3
打击非法网络公关行为        3
打击影视剧作品侵权盗版行为        3
打击投机行为        3
打击商业欺诈、制假售假行为        3
打击欺诈行为        2
打击侵犯知识产权的行为    2
……
```

接下来，我们分别针对 9 种组合查询关系参数进行说明，并给出对应的脚本示例。组合查询关系参数说明见表 5-4。

表 5-4 组合查询关系参数说明

组合查询关系参数	说明
*	组合关系为小句内离合，小句内是指不包含"，。：；！？"的语言片段
^	组合关系为复句内离合
Link	组合关系为前后紧邻
ShareTag	组合关系为共享同一个词性
ShareQuery	组合关系为共享查询项
SameLeft	组合关系为具有相同的左边界
SameRight	组合关系为具有相同的右边界
InChunk	组合关系为后一个结果集的元素在前一个结果集元素所在的组块内部
SameBoundary	组合关系为具有相同的左右边界

1. *

* 表示组合关系为小句内离合，小句内是指不包含"，。：；！？"的语言片段，示例如下。

查询目标：检索"一种"和"方法"在小句内离合出现的情况。

检索式如下。

```
一种*方法{}Freq
```

检索脚本如下。

```
Handle0=GetAS("种>", "一种", "", "", "", "", "", "", "", "")
Handle1=GetAS("<方", "方法", "", "", "", "", "", "", "", "")
Handle2=JoinAS(Handle0, Handle1, "*")
Handle=Freq(Handle2)
Output(Handle, 100)
```

检索结果示例如下。

```
一种新方法          16
一种研究方法         13
一种鉴别咨询公司实力的主要方法   12
一种治疗方法         11
```

```
一种好方法          11
一种重要方法         8
一种工作方法         8
一种很好的方法       7
一种有效的方法       6
一种思维方法         5
......
```

2. ^

^表示组合关系为复句内离合，示例如下。

查询目标：检索"一种"和"方法"可跨小句离合出现的情况。

检索式如下。

```
一种^方法{}Freq
```

检索脚本如下。

```
Handle0=GetAS("种>", "一种", "", "", "", "", "", "", "", "")
Handle1=GetAS("<方", "方法", "", "", "", "", "", "", "", "")
Handle2=JoinAS(Handle0, Handle1, "^")
Handle=Freq(Handle2)
Output(Handle, 100)
```

检索结果示例如下。

```
一种动物的胚胎细胞混在一起，这种方法      3
一种强身健体的方法          3
一种常用方法      3
一种科学的方法   3
一种独特的方法   3
一种可行的方法   2
一种非常有效的方法       2
一种生活方式。同时，还要向班里其他同志学习工作方法      2
......
```

3. Link

Link 表示组合关系为前后紧邻，示例如下。

查询目标：检索"我"后紧邻出现"v"的情况。

检索式如下。

```
我 d v 花{}Freq
```

检索脚本如下。

```
Handle0=GetAS("我_d|", "我", "", "", "", "", "", "", "", "")
```

```
Handle1=GetAS("|v_花", "花", "", "", "", "", "", "", "", "")
Handle2=JoinAS(Handle0, Handle1, "Link")
Handle=Freq(Handle2)
Output(Handle, 100)
```

检索结果示例如下。

```
我不缺钱花        3
我还愿意花        1
我不喜欢花        1
我一直舍不得花    1
我就安心花        1
我不赞成花        1
我的确认为花      1
......
```

4. ShareTag

ShareTag 表示组合关系为共享同一个词性，即当两个检索单元使用同一个词性时，可以使用该组合关系对基本查询进行组合，示例如下。

查询目标：检索"我"和"你"中间出现 v 的情况。

检索式如下。

```
我 v 你{}Freq
```

检索脚本如下。

```
Handle0=GetAS("我_v|", "我", "", "", "", "", "", "", "", "")
Handle1=GetAS("|v_你", "你", "", "", "", "", "", "", "", "")
Handle2=JoinAS(Handle0, Handle1, "ShareTag")
Handle=Freq(Handle2)
Output(Handle, 100)
```

检索结果示例如下。

```
我说你    293
我告诉你          226
我知道你          181
我看你    155
我是你    137
我想你    122
我觉得你          110
我帮你    85
我希望你          81
我请你    72
我喜欢你          71
```

我相信你	68

......

5. ShareQuery

ShareQuery 表示组合关系为共享查询项，即当两个检索单元的查询项相同时，可以使用该组合关系对基本查询进行组合，示例如下。

查询目标：检索"周年"一词前紧邻词性 m，后紧邻词性 n 出现的情况。

检索式如下。

```
m周年n{}Freq
```

检索脚本示例如下。

```
Handle0=GetAS("|m_周", "周年", "", "", "", "", "", "", "", "")
Handle1=GetAS("年_n|", "周年", "", "", "", "", "", "", "", "")
Handle2=JoinAS(Handle0, Handle1, "ShareQuery")
Handle=Freq(Handle2)
Output(Handle, 100)
```

检索结果示例如下。

100周年大会	42
110周年校庆	35
100周年座谈会	33
100周年时	26
90周年纪念日	23
90周年理论	17
60周年首脑会议	13
110周年诞辰	11
90周年重点	10
65周年大会	10
70周年阅兵式	10
120周年研讨会	9

......

6. SameLeft

SameLeft 表示组合关系为具有相同的左边界，例如，JoinAS 函数的第一个参数必须来自属性标记类检索单元，示例如下。

查询目标：检索述语块，且以"a地"为首的情况。

检索式如下。

```
VP-PRD[a地*]{}Freq
```

检索脚本如下。

```
Handle0=GetAS("$VP-PRD", "", "", "", "", "", "", "", "", "")
Handle1=GetAS("|a_地", "地", "", "", "", "", "", "", "", "")
Handle2=JoinAS(Handle0, Handle1, "SameLeft")
Handle=Freq(Handle2)
Output(Handle, 100)
```

检索结果示例如下。

惊讶地发现	151
清楚地记得	143
惊奇地发现	111
清楚地知道	101
极大地促进了	82
欣喜地看到	76
清醒地认识到	69
极大地激发了	68
惊喜地发现	63
极大地调动了	63
极大地推动了	61
……	

7. SameRight

SameRight 表示组合关系为具有相同的右边界，与 SameLeft 相同，例如，JoinAS 函数的第一个参数必须来自属性标记类检索单元，示例如下。

查询目标：检索述语块，且该述语块以"～地 v"为结尾的情况。

检索式如下。

```
VP-PRD[*～地v]{}Freq
```

检索脚本如下。

```
Handle0=GetAS("$VP-PRD", "", "", "", "", "", "", "", "", "")
Handle1=GetAS("地_v|", "", "～", "", "", "", "", "", "", "")
Handle2=JoinAS(Handle0, Handle1, "SameRight")
Handle=Freq(Handle2)
Output(Handle, 100)
```

检索结果示例如下。

更好地发挥	298
坚定不移地走	176
更好地了解	161
惊讶地发现	151

```
更好地满足        150
清楚地记得        143
最大限度地减少     121
惊奇地发现        111
积极稳妥地推进     110
更好地保护        102
清楚地知道        101
......
```

8. InChunk

InChunk 表示组合关系为后一个结果集的元素在前一个结果集元素所在的组块内部，与 SameLeft 和 SameRight 相同，例如，JoinAS 函数的第一个参数必须来自属性标记类检索单元，示例如下。

查询目标：检索述语块，且该述语块内部包含"～a地～"的情况。

检索式如下。

```
VP-PRD[*～a地～*]{}Freq
```

检索脚本如下。

```
Handle0=GetAS("$VP-PRD", "", "", "", "", "", "", "", "", "")
Handle1=GetAS("|a_地", "地", "～", "～", "", "", "", "", "", "")
Handle2=JoinAS(Handle0, Handle1, "InChunk")
Handle=Freq(Handle2)
Output(Handle, 100)
```

检索结果示例如下。

```
积极稳妥地推进     110
可以清楚地看到     87
必须清醒地看到     65
必须清醒地认识到    64
可以清晰地看到     63
也要清醒地看到     56
还清楚地记得      36
较好地完成了      33
也清醒地认识到     32
要清醒地看到      28
要清醒地认识到     25
很好地诠释了      22
......
```

9. SameBoundary

SameBoundary 表示组合关系为具有相同的左右边界，例如，JoinAS 函数的第一个参数必须来自属性标记类检索单元，示例如下。

查询目标：检索包含状语 NULL-MOD 和述语 VP-PRD 的复杂述语块 VP-PRD。其中，NULL-MOD 组块以"上"结尾，VP-PRD 组块以"发展"结尾。

检索式如下。

```
VP-PRD[NULL-MOD[*上]VP-PRD[*发展]]{}Freq
```

检索脚本如下。

```
Handle0=GetAS("$NULL-MOD_上", "上", "", "", "", "", "", "", "", "")
Handle1=GetAS("$VP-PRD_展", "发展", "", "", "", "", "", "", "", "")
Handle2=JoinAS(Handle0, Handle1, "Link")
Handle3=GetAS("$VP-PRD", "", "", "", "", "", "", "", "", "")
Handle4=JoinAS(Handle3, Handle2, "SameBoundary")
Handle=Freq(Handle4)
Output(Handle, 100)
```

检索结果示例如下。

```
在社会上发展      2
在一穷二白的基础上发展    2
在其基础上发展    2
在平等和相互尊重的基础上发展      2
在更高水平上发展          2
在欧洲乃至国际市场上发展          2
在此基础上发展    2
在法治的轨道上发展        2
在相互尊重主权和领土完整、互不侵犯、互不干涉内政、平等互利、和平共处五项原则
的基础上发展      2
在相互尊重、平等互利的基础上发展          2
在互利共赢、共同发展的原则基础上发展      1
要在民歌、古典诗歌的基础上发展    1
都只能在前代文化的基础上发展      1
```

5.3.3 条件约束

为了满足更严格的查询需求，BCC 脚本式编程语言提供了可用于设置检索约束条件的 API 函数，具体涉及的 API 函数包括 Condition、AddTag、GetTags、GetTagVal、ClearTag、AddLimit、ClearLimit、SetBase。

1. Condition

```
void Condition(char * Condition)
```

Condition 的功能描述如下。

该函数为检索对象设置约束条件。

Condition 的参数如下。

Condition 为检索对象设置的约束条件，每项条件之间用分号 ";" 隔开，可设置的约束条件主要有以下两类。

第一类是对默认变量的约束。BCC 脚本式编程语言设计了 6 个默认变量，分别为 $1、$2、$3、$B、$E 和 $Q。其中，$1、$2、$3 用于表示检索对象中小括号所捕获的语言片段，相当于正则表达式中使用小括号 ( ) 匹配的子表达式。BCC 编程语言使用这 3 个默认变量来表示在检索对象中先后捕获的 3 个子串。因此，一个检索脚本中被捕获的成分最多只能有 3 处。这 3 处分别用 $1、$2 和 $3 来表示，以便后续通过这些默认变量对它们所代表的子串进行操作。$Q 表示整个检索对象对应的语言片段；$B 表示 $Q 左侧窗口的语言片段；$E 表示 $Q 右侧窗口的语言片段，窗口大小可通过 "功能操作类" API 函数来指定。

在 Condition 中使用默认变量，往往以某种限定条件类型的形式出现，限定条件类型说明见表 5-5。

表 5-5　限定条件类型说明

类型		描述
内容限制	$1=[ ]	定义 $1 中为 [ ] 中的内容。集合中的内容相互独立，可以是某个词语、词类、语块类名或语块表
	$1!=[ ]	限制 $1 中的内容不属于 [ ] 中的元素
	$1=$2	$1 与 $2 的内容相同
	$1!=$2	$1 与 $2 的内容不同
	beg($1)=[ ]	限制 $1 指代的内容以 "[ ]" 内的元素为开始
	beg($1)!=[ ]	限制 $1 指代的内容不以 "[ ]" 内的元素为开始
	end($1)=[ ]	限制 $1 指代的内容以 "[ ]" 内的元素为结束
内容限制	end($1)!=[ ]	限制 $1 指代的内容不以 "[ ]" 内的元素为结束
	mid($1)=[ ]	限制 $1 指代的内容包含 "[ ]" 内的元素
	mid($1)!=[ ]	限制 $1 指代的内容不包含 "[ ]" 内的元素

类型		描述
长度限制	len($1)=n	限定 $1 的长度等于 n
	len($1)!=n	限定 $1 的长度不等于 n
	len($1)>n	限定 $1 的长度大于 n
	len($1)<n	限定 $1 的长度小于 n
	len($1)=len($2)	限定 $1 的长度等于 $2 的长度
	len($1)!=len($2)	限定 $1 的长度不等于 $2 的长度

第二类是对检索对象所在语料的属性约束。例如，文档发表时间、领域分类、段落位置等，能够作为约束条件的属性需要在语料索引阶段构建相应的属性索引。

Condition 的返回值如下。

无返回值，设置成功后，条件约束将在当前脚本的检索过程中生效。

Condition 的脚本示例如下。

查询目标 1：检索动宾结构并输出频次信息。其中，动词为"打击"，宾语为以"行为"为结尾的体词性短语，并限制体词性宾语块长度等于 2。脚本中的 Condition 参数"$1"表示用小括号括起来的部分。

检索式如下。

```
打击   (NP-OBJ[ *行为]) { len($1) = 2} Freq
```

检索脚本如下。

```
Condition("len($1)=2")
Handle0 = GetAS("<打", "打击", "", "", "", "", "", "", "", "")
Handle1 = GetAS("$NP-OBJ_为", "行为", "", "", "", "", "", "",
"0", "0")
Handle2 = JoinAS(Handle0, Handle1, "Link")
Handle = Freq(Handle2)
Output(Handle , 100)
```

检索结果示例如下。

```
打击炒房行为      5
打击这种行为      4
打击投机行为      3
打击倒票行为      2
```

```
打击欺诈行为        2
打击骗保行为        2
打击囤地行为        2
打击走私行为        1
打击盗猎行为        1
打击拒载行为        1
打击售假行为        1
```

查询目标 2：在"农业、林业、水利"产业分类下检索体词性宾语结构并输出频次信息。其中，体词性宾语以"行为"为结尾，并限制宾语块长度大于 2。

检索式如下。

```
NP-OBJ[ *行为] {len($Q) > 2;Industry=[农业、林业、水利]} Freq
```

检索脚本如下。

```
Condition("industry=农业、林业、水利;len($Q)>2")
Handle1 = GetAS("$NP-OBJ_为", "行为", "", "", "", "", "", "",
"", "")
Handle = Freq(Handle1)
Output(Handle, 100)
```

检索结果示例如下。

```
违反规定在控制区进行基本建设和迁入人口的行为        4
污染农村饮用水水源、损毁农村饮水安全工程设施的违法行为    1
违反本办法规定的行为        1
损毁或破坏管网行为        1
下列危害工程设施安全的行为        1
非经营活动中的违法行为    1
经营活动中的违法行为    1
生猪养殖、运输、屠宰、无害化处理等环节的违法违规行为        1
```

2. AddTag

```
void AddTag(char* TableName, char* TableVal)
```

AddTag 的功能描述如下。

AddTag 将 TableVal 表示的词串（词和词之间用分号或者空格隔开）添加到词表 TableName 中，后续可用于 Condition 中。

AddTag 的参数如下。

（1）TableName：词表名。

（2）TableVal：待添加的词表内容。

AddTag 的返回值如下。

无返回值。

AddTag 的脚本示例如下。

查询目标：检索指定介词"被、由"与述语的搭配使用情况。

检索式如下。

```
(p) *VP-PRD[ ]{equ($1)=[Prep]}Freq
```

检索脚本如下。

```
AddTag("Prep", "被;由")
Condition("equ($1)=[Prep]")
Handle0=GetAS("|p", "", "", "", "", "", "0", "0", "", "")
Handle1=GetAS("$VP-PRD", "", "", "", "", "", "", "", "", "")
Handle2=JoinAS(Handle0, Handle1, "*")
Handle=Freq(Handle2)
Output(Handle, 30)
```

上述脚本中的第一行 AddTag 将介词"被;由"添加到名为"Prep"的词表中，并在第二行 Condition 中作为约束条件使用。

检索结果示例如下。

```
被认为是            38
由多个零部件组成          29
被广泛应用         13
被处理器执行时实现          13
被公安机关抓获   13
被警方抓获        12
被所述处理器执行时实现    11
由如下重量份数的原料制成              10
由不锈钢制成     9
由以下原料组成     9
被抓获归案        6
由耐高温金属制成          6
由主机柜及快递箱组成      6
```

3. GetTags

```
table GetTags(char* null)
```

GetTags 的功能描述如下。

获取语料库服务中已添加的所有词表名。

GetTags 的参数如下。

null：空字符串。

GetTags 的返回值如下。

以 lua 中数据结构 table 的形式返回语料库服务中已添加的词表名。

GetTags 的脚本示例如下。

GetTags 的脚本内容表示获取语料库服务中已添加的所有词表名，并对词表名进行遍历，将结果打印到屏幕上。

```
TableNames = GetTags("")
for i=1, #TableNames do
    print(TableNames[i])
end
```

上述脚本中 TableNames 表示 lua 中的 table 类型的变量，TableNames 里存储了从语料库服务获取的词表名。这些词表由语料库服务启动时预先加载进服务中，或者由用户通过 AddTag 添加到语料库服务中。

4. GetTagVal

```
char* GetTagVal(char* TableName)
```

GetTagVal 的功能描述如下。

获取指定词表名的内容。

GetTagVal 的参数如下。

TableName：词表名。

GetTagVal 的返回值如下。

以 lua 中数据结构 table 的形式返回词表内容。

GetTagVal 的脚本示例如下。

先利用 GetTags 获得语料库服务中所有词表名，然后遍历词表名，通过 GetTagVal 获取每个词表的内容，并遍历打印到屏幕上。

```
TableNames = GetTags("")
for i=1, #TableNames do
    Words = GetTagVal(TableNames[i])
    for k=1, #Words do
        print(Words[k])
    end
end
```

在上述脚本中，变量 Words 也是 lua table 类型的变量，存放的是词表 "Table Names[i]" 中的所有的词，可以通过索引 k 访问每个词。

5. ClearTag

```
void ClearTag(char* TableName)
```

ClearTag 的功能描述如下。

删除语料库服务中指定的词表。

ClearTag 的参数如下。

TableName：词表名

ClearTag 的返回值如下。

无返回值。

ClearTag 的脚本示例如下。

脚本内容表示删除已添加的词表 Prep。

```
ClearTag("Prep")
```

6. AddLimit

```
void AddLimit(_int64 From, _int64 To)
```

AddLimit 的功能描述如下。

限制检索语料的区间，这里的区间是指语料索引后产生的由 "索引单元在索引数据文件中的偏移量" 和 "索引单元所在索引数据文件编号" 按照一定规则联合编码得到 64 位整型数值表示的区间。这些区间编码需要通过 BCC 语料库工具预先从索引数据中导出。区间限制一旦设置成功，将对接下来的所有检索起作用，除非使用 ClearLimit 或者重启语料库服务，才能清除该限制。

AddLimit 的参数如下。

（1）From

检索区间的起始位置。

（2）To

检索区间的结束位置。

AddLimit 的返回值如下。

无返回值。

AddLimit 的脚本示例如下。

查询目标：在 0 ~ 100000 的语料区间内检索"打击"后紧邻出现体词性宾语 NP-OBJ 的情况。其中，NP-OBJ 以"行为"结尾，返回检索对象实例及统计频次。

检索式如下。

```
打击 NP-OBJ[ * 行为] {AddLimit(0, 100000)} Freq
```

检索脚本如下。

```
AddLimit(0, 100000)
Handle0 = GetAS("<打", "打击", "", "", "", "", "", "", "", "")
Handle1 = GetAS("$NP-OBJ_为", "行为", "", "", "", "", "", "",
"", "")
Handle = JoinAS(Handle0, Handle1, "Link")
Handle = Freq(Handle)
Output(Handle, 100)
```

在示例语料中，上述脚本的检索结果如下。

```
<Total>:2
打击侵犯知识产权和制售假冒伪劣商品行为    1
打击互联网平台企业滥用市场支配地位收取不公平高价服务费行为        1
```

将上述脚本中的语料区间限制为 0 ~ 200000，在示例语料中，上述脚本的检索结果如下。

```
<Total>:9
打击疫情防控期间非法制售药品、医疗器械违法违规行为        1
打击围标、串标和虚假招标等违法行为    1
打击互联网平台企业滥用市场支配地位收取不公平高价服务费行为        1
打击损害乘客利益行为    1
打击环境违法违规行为    1
打击线上线下销售侵权假冒商品、发布虚假广告行为    1
打击侵犯知识产权和制售假冒伪劣商品行为    1
打击未经审查或篡改医疗、药品、医疗器械、保健食品审查批准文件发布广告的行为        1
打击囤积居奇、哄抬价格、不明码标价、串通涨价等价格违法行为    1
```

7. ClearLimit

```
void ClearLimit()
```

ClearLimit 的功能描述如下。

清除由 AddLimit( ) 设置的区间约束，操作成功后将没有检索区间的约束。

ClearLimit 的参数如下。

无参数。

ClearLimit 的返回值如下。

无返回值。

ClearLimit 的脚本示例如下。

查询目标：清除所有区间约束，并检索"打击"后紧邻出现体词性宾语 NP-OBJ 的情况。其中，NP-OBJ 以"行为"结尾，返回检索对象实例及统计频次。

检索式如下。

```
打击 NP-OBJ[ * 行为] {ClearLimit()} Freq
```

检索脚本如下。

```
ClearLimit()
Handle0 = GetAS("<打","打击", "", "", "", "", "", "", "",
"")
Handle1 = GetAS("$NP-OBJ_为","行为", "", "", "", "", "",
"", "", "")
Handle = JoinAS(Handle0, Handle1, "Link")
Handle = Freq(Handle)
Output(Handle , 100)
```

检索结果示例如下。

```
<Total>:108
打击环境违法行为              4
打击违法违规行为              3
打击生产、销售、存储和使用不合格油品、天然气行为          2
打击欺诈骗保行为              2
打击固体废物和危险废物非法转移倾倒行为    1
打击违法违规旅游企业和从业人员的旅游失信行为        1
打击在线销售侵权假冒商品、虚假广告、虚假宣传等违法行为    1
打击球场闹事行为              1
打击进出口环节"蚂蚁搬家"等各种形式的侵权行为        1
```

8. SetBase

```
void SetBase(_int64 Handle, int IsAnd, int IsDoc)
```

SetBase 的功能描述如下。

SetBase 为二次检索设置检索基点，设置成功后，检索脚本中该 API 以下的检索行为均以 Handle 所指向的候选集为基点。

SetBase 的参数如下。

（1）Handle

语料库服务中保存检索结果的变量的内存地址。

（2）IsAnd

该值为 0 时，只保留与 Handle 指向结果集一致的检索结果；该值为 1 时，排除与 Handle 指向结果集一致的检索结果。

（3）IsDoc

该值为 0 时，表示二次检索结果与一次检索结果在句子级一致；该值为 1 时，表示文档级一致。

IsDoc 的返回值如下。

无返回值。

IsDoc 的脚本示例如下。

查询目标 1：以"打击"的检索结果为基点，检索"NP-OBJ[* 行为]"出现的情况，检索结果所在的句子将同时包含"打击"和"NP-OBJ[* 行为]"这两个语言片段，并返回检索目标的实例及统计频次。

检索脚本如下。

```
Handle0 = GetAS("<打", "打击", "", "", "", "", "", "", "", "")
SetBase(Handle0, 0, 0)
Handle1 = GetAS("$NP-OBJ_为", "行为", "", "", "", "", "", "", "",
"")
Handle = Context(Handle1, 5, 1000)
Output(Handle, 100)
```

在以上脚本中，SetBase 的第二个参数为 0，表示保留第一行的基本查询获得的结果。

检索结果示例如下。

```
市场巡查，严厉打击<Q>侵权盗版行为</Q>；
有效方式。严厉打击<Q>欺诈骗保行为</Q>，对骗取套取医
```

监管效能，持续打击<Q>欺诈骗保行为</Q>，实施联合惩戒。
力度，依法严格规范<Q>广告制作、发布行为</Q>，严厉打击和查处
的整治，严厉打击<Q>贴牌生产行为</Q>，保护品牌商品商标
管理，依法严厉打击<Q>制造和销售拼装车行为</Q>，严禁拼装车和报废
与修复。严厉打击<Q>固体废物和危险废物非法转移倾倒行为</Q>

查询目标 2：以"打击"的检索结果为基点，检索"NP-OBJ[* 行为]"出现的情况，检索结果所在的句子不包含"打击"，并返回检索目标的实例及统计频次。

检索脚本如下。

```
Handle0 = GetAS("<打", "打击", "", "", "", "","", "", "", "")
SetBase(Handle0, 1, 0)
Handle1 = GetAS("$NP-OBJ_为", "行为", "", "", "", "", "",
"", "", "")
Handle = Context(Handle1, 5, 1000)
Output(Handle, 100)
```

在以上脚本中，SetBase 的第二个参数为 1，表示排除第一行的基本查询获得的结果。

检索结果示例如下。

课外补习管理，规范<Q>社会培训机构的办班行为</Q>，加强管理与监督，
及时发现和查处<Q>网络非法转载等各类侵权盗版行为</Q>。
认真清理<Q>建设领域违法发包分包行为</Q>，通过探索劳务派遣
及社会监督，严禁<Q>转包行为</Q>。
奖惩力度，严厉查处<Q>骗保行为</Q>。
支付方式，防控<Q>欺诈骗保行为</Q>。
敷衍做法，坚决避免<Q>以生态环境保护为借口紧急停工停业停产等简单粗暴行为</Q>。
项目建设程序，规范<Q>招投标行为</Q>，切实把加强质量
完善决策机制，规范<Q>决策行为</Q>，加强决策监督政府环境保护职责，约束<Q>政府环境决策行为</Q>，保障公众环境权益
做法，严禁和惩处<Q>各类违法实行优惠政策行为</Q>，反对垄断和
后监管，严格规范<Q>农产品生产经营主体的生产行为</Q>，对发现的问题

5.3.4　功能操作

BCC 脚本式编程语言提供了 Context、Freq、Count、GetOri 4 个功能操作函数。这 4 个函数分别用于在查询结果的基础上，获取结果的实例及其上下文、结果的实例及其统计频次、结果的实例及其历时统计频次、结果的实例及其出

处信息。

1. Context

Context 有 4 种参数形式，示例如下。

```
_int64 Context(_int64 Handle, int WinSize, int Num, int Page)
_int64 Context(_int64 Handle, int WinSize, int Num)
_int64 Context(_int64 Handle, int WinSize)
_int64 Context(_int64 Handle)
```

Context 的功能描述如下。

根据 Handle 所指向的结果集获取其在语料中的实例及其上下文。

Context 的参数如下。

（1）Handle

语料库服务中保存检索结果的变量的内存地址。

（2）WinSize

指定返回结果窗口的大小，以词为单位计数，−1 表示返回整句，如果不写，则默认返回整句。

（3）Num

返回结果的数量。

（4）Page

当结果分页返回时，用于指定返回第几页的结果。

Context 的返回值如下。

返回带有上下文的实例结果，实际为保存该检索结果的变量的内存地址。

Context 的脚本示例如下。

查询目标：检索动词在语料中出现的实例及其上下文。脚本中返回实例的上下文窗口大小设置为 5，即实例左右两侧各保留 5 个词，结果数量指定为 10000，返回第 3 页的 10000 条结果。

检索式如下。

```
v{}Context
```

检索脚本如下。

```
Handle0 = GetAS("|v", "", "", "", "", "", "", "", "", "")
```

```
Handle = Context(Handle0, 5, 10000, 2)
Output(Handle , 10000)
```

检索结果示例如下。

```
梦响强音总经理<Q>表示</Q>，《中国好声音》
脂肪。从这个角度<Q>来看</Q>，《中国诗词大会》
呢！一些学者也<Q>表示</Q>，《中国诗词大会》
中国足协副主席<Q>表示</Q>，中国足球改革
……
```

2. Freq

Freq 有 4 种参数形式，示例如下。

```
_int64 Freq(_int64 Handle, char* Obj, int Num, int WinSize)
_int64 Freq(_int64 Handle, char* Obj, int Num)
_int64 Freq(_int64 Handle, char* Obj)
_int64 Freq(_int64 Handle )
```

Freq 的功能描述如下。

根据 Handle 所指向的结果集获取其在语料中的实例及其频次信息。

Freq 的参数如下。

（1）Handle

语料库服务中保存检索结果的变量的内存地址。

（2）Obj

Obj 表示频次统计的对象，一般由明确的汉字串或者默认变量构成。当统计对象是默认变量时，可以是 \$1、\$2、\$3、\$Q、\$1*\$2、\$1*\$2*\$3，如果不指定统计对象，则默认统计整个检索对象。

（3）Num

返回包含该检索对象的上下文结果数量。

（4）WinSize

上下文结果窗口的大小，-1 表示返回整句。

Freq 的返回值如下。

返回实例及其频次信息，实际为保存该检索结果的变量的内存地址。

Freq 的脚本示例如下。

查询目标 1：检索体词性宾语，宾语以"系统"结尾，返回不包含"系统"

的宾语成分的实例及其频次信息，同时会返回一条包含上下文的实例。

检索式如下。

```
NP-OBJ[*(~)系统]{print($1)}Freq
```

检索脚本如下。

```
Handle0=GetAS("$NP-OBJ_统", "系统", "", "", "", "", "", "", "0", "0")
Handle1=Freq(Handle0, "$1", 1, -1)
Output(Handle1, 1000)
```

检索结果示例如下。

```
#空地一体植被生态气象监测  1
以提升<Q>空地一体植被生态气象监测</Q>系统。 1
#营商环境监测      1
（八）建设<Q>营商环境监测</Q>系统。 1
#桥梁信息管理      1
完成城市病险桥梁除险加固，<Q>桥梁信息管理</Q>系统。 1
#移动监管  1
建设<Q>移动监管</Q>系统。 1
#数据监测      1
加强示范<Q>数据监测</Q>系统，进行实时在线监测，确保工程质量和安全。 1
#建筑起重机械网络实时监控系统和建筑安全监督管理  1
全力推行<Q>建筑起重机械网络实时监控系统和建筑安全监督管理</Q>系统。 1
```

在上面的示例结果中，以 # 为首的行表示返回的结果实例及其统计频次，带 <Q> 和 </Q> 标记的行表示包含该统计对象的上下文实例。

查询目标 2：检索以"执行"为尾的述语块。设置统计对象为"$1*$2*$3"。其中，$1 代表第一个小括号内的 ~；$2 代表第二个小括号内的 ~；$3 代表"执行"一词。

检索式如下。

```
VP-PRD[(~)*(~)(执行)]{print($1*$2*$3)}Freq
```

检索脚本如下。

```
Handle0=GetAS("$VP-PRD_行", "执行", "", "", "~", "~", "", "", "0,
1", "0, 1, 1, 2")
Handle=Freq(Handle0, "$1*$2*$3", 0, 1)    //该行的符号*只是一个普通分
隔符号，不具有特殊含义
Output(Handle, 100)
```

检索结果示例如下。

```
#按照*规定*执行 83
#按*规定*执行 59
#依照*规定*执行 24
#要*严格*执行 31
#报*后*执行 13
#应当*严格*执行 12
#按照*方案*执行 5
#按照*办法*执行 5
#必须*坚决*执行 2
#按照*价格*执行 1
#按照*30%*执行 1
#按照*定额*执行    1
```

3. Count

Count 有 3 种参数形式，示例如下。

```
_int64 Count(_int64 Handle, char* Obj, int TopN)
_int64 Count(_int64 Handle, char* Obj)
_int64 Count(_int64 Handle)
```

Count 的功能描述如下。

Count 一般与 AddLimit 同时使用，按照 AddLimit 设置的区间，统计指定对象在该区间段内出现的频次信息。当脚本中有多个 AddLimit 时，一次返回指定对象在不同区间段内的频次信息，实现历时检索的功能；当脚本中只有一个 AddLimit 时，与 Freq 的返回结果相同。

Count 的参数如下。

（1）Handle

语料库服务中保存检索结果的变量的内存地址。

（2）Obj

Obj 表示频次统计的对象，统计对象的书写方式与 Freq 一致，如果不指定统计对象，则默认统计整个检索对象。

（3）TopN

TopN 表示取统计频次前 n 个结果。

Count 的返回值如下。

返回实例及排序后的频次信息，实际为保存检索结果的变量的存储地址。

Count 的脚本示例如下。

检索目标：检索体词性主语在 0 ~ 100000、100000 ~ 200000 和 200000 ~ 300000（每段具体的数值区间包含数据的下限，即 100000、200000、300000）共 3 个语料区间内的结果，返回统计频次前 10 的历时统计结果。

检索式如下。

```
NP-SBJ[*(~)] {print($1)}
[AddLimit(0, 100000);AddLimit(100000, 200000);AddLimit
(200000, 300000)] Count
```

检索脚本如下。

```
AddLimit(0, 100000)
AddLimit(100000, 200000)
AddLimit(200000, 300000)
Handle0=GetAS("$NP-SBJ", "", "", "", "", "", "", "", "", "")
Handle=Count(Handle0, "$Q", 10)
Output(Handle, 100)
```

检索结果示例如下。

```
申请人_146;财政部门_21;各地_17;基层政府_17;各地、各部门_15;行业协会商会
_15;企业_14;联席会议_11;省政府办公厅_10;出资人机构_10        276

各地_43;联席会议_31;交易场所_24;企业_22;各地、各部门_17;各市_17;四_16;
省政府_14;联席会议办公室_13;省交通运输厅_13        210

各地_25;各市_23;总指挥_14;省政府_12;报销比例_11;各地、各部门_10;各级行
政执法机关_9;牵头医院_9;省有关部门_8;校外培训机构_8        129
```

4. GetOri

GetOri 有 3 种形式，这 3 种形式可以分别获取不同出处的信息。

GetOri 的形式一如下。

```
char* GetOri(_int64 Handle,  int Num,  char* Ori)
```

GetOri 的功能描述如下。

获取检索结果指定的出处信息，该信息名称由参数"Ori"指定，返回 Num 条结果的出处信息。

GetOri 的形式二如下。

```
char* GetOri(_int64 Handle,  int Num)
```

GetOri 的功能描述如下。

获取 Num 条检索结果的全部出处信息。

GetOri 的形式三如下。

```
char* GetOri(_int64 Offset)
```

GetOri 的功能描述如下。

获取 Offset 所属文档的出处信息。

GetOri 的参数如下。

（1）Handle

语料库服务中保存检索结果的变量的内存地址。

（2）Num

需要返回出处信息的结果数量。

（3）Org

Org 意为指定出处信息的名称。

（4）Offset

Offset 意为偏移量，与 AddLimit 中使用的区间偏移量属于同一概念。

GetOri 的返回值如下。

检索结果的出处信息。

GetOri 的脚本示例如下。

查询目标：检索名词，根据检索结果，返回前 100 条结果的 "industry" 信息，并打印到屏幕上。

检索式如下。

```
n{}GetOri
```

检索脚本如下。

```
Handle0=GetAS("|n", "", "", "", "", "", "", "", "", "")
OrgInfo=GetOrg(Handle0, 100, "industry")
print(OrgInfo)
```

检索结果示例如下。

```
(ID=268;Pos=text;综合政务)
(ID=559;Pos=text;电子政务|通报)
```

```
(ID=109;Pos=text;农业、林业、水利)
(ID=78;Pos=text;城乡建设、环境保护)
(ID=104;Pos=text;工业、交通)
(ID=108;Pos=text;商贸、海关、旅游)
(ID=94;Pos=text;科技、教育)
(ID=431;Pos=text;重大政务及社会管理|通知)
(ID=74;Pos=text;民政、扶贫、救灾)
(ID=54;Pos=text;国土资源、能源)
(ID=411;Pos=text;国民经济管理、国有资产监管|重大建设项目|通知)
(ID=431;Pos=text;重大政务及社会管理|通知)
```

5.3.5　输出操作

BCC 脚本式编程语言提供了不同的结果输出形式，分别通过 Output、Save、Del、GetRetNum、GetRet、OriOn 函数完成。

1. Output

```
void Output(_int64 Handle,  int Num)
```

Output 的功能描述如下。

当以网络服务形式使用 BCC 语料库时，用于输出检索结果。

Output 的参数如下。

（1）Handle

语料库服务中保存检索结果的变量的内存地址。

（2）Num

返回结果的数量。

Output 的返回值如下。

无返回值。

Output 的脚本示例如下。

查询目标：以网络服务形式使用 BCC 语料库检索名词，返回 1000 条实例，并输出结果。

检索式如下。

```
n{}Context
```

检索脚本如下。

```
Handle0=GetAS("|n", "", "", "", "", "", "", "", "", "")
Handle=Context(Handle0, 5, 1000)
Output(Handle, 1000)
```

检索结果示例如下。

白河、松江河2个国际冰雪旅游度假名<Q>镇</Q>，10个冰雪旅游小镇;
截至目前，仍有2家市政府门户<Q>网站</Q>，15个省直单位网站及58个县
主办单位分管领导和负责人被上级主管单位<Q>约谈</Q>，1人被诫勉谈话
合理盈利原则，合理提高污水处理收费<Q>标准</Q>，2016年底前非居民污水处理
费标准
推进快速铁路连通。扩能改造长春白城<Q>铁路</Q>，2018年建成通车;
全国统一的工程建设项目审批流程示范图<Q>文本</Q>，2019年5月底前，
取消不合法、不合理、不必要的审批<Q>事项</Q>，2019年5月底前，梳理并
平台，按照横向到边、纵向到底的<Q>原则</Q>，2019年6月底前，初步建成
2019年全面启动19.11万人的安置<Q>任务</Q>，2019年6月底前完成集中安置
政务服务平台，设立企业注销网上服务<Q>专区</Q>，2019年9月1日前实现企业

2. Save

Save 有 3 种参数形式，示例如下。

```
void Save(_int64 Handle, char* File, int Num)
void Save(_int64 Handle, char* File)
void Save(char* Msg, char* File)
```

Save 的功能描述如下。

Save 将检索结果输出到指定文件中，该文件会保存在 BCC 语料库服务所在机器的特定磁盘目录下。

Save 的参数如下。

（1）Handle

语料库服务中保存检索结果的变量的内存地址。

（2）Msg

结果字符串，会输出到结果文件 File 中。

（3）File

保存结果的文件名。

（4）Num

返回结果的数量，默认返回全部。

Save 的返回值如下。

无返回值。

Save 的脚本示例如下。

查询目标：检索以动词结尾的述语块，返回检索对象的 1000 条实例并保存到 "ret.txt" 文件中。

检索式如下。

```
VP-PRD[*v]{Context}
```

检索脚本示例如下。

```
Handle0=GetAS("|v", "", "", "", "", "", "", "", "", "")
Handle1=GetAS("$VP-PRD", "", "", "", "", "", "", "", "", "")
Handle2=JoinAS(Handle1, Handle0, "SameRight")
Handle=Context(Handle2, 10, 1000)
Save(Handle, "ret.txt", 1000)
```

3. Del

```
void Del(char* File)
```

Del 功能描述如下。

删除指定的结果文件，由于 Save 是默认追加写入文件，为了避免指定的文件名已存在，可使用该函数预先删除已有文件，再进行写入。

Del 的参数如下。

File：文件名。

Del 的返回值如下。

无返回值。

Del 的脚本示例如下。

查询目标：检索以动词结尾的述语块，在将结果写入 "ret.txt" 文件之前删除已有的名为 "ret.txt" 的文件，Save 会重新创建名为 "ret.txt" 的文件并将结果保存到该文件中。

检索式如下。

```
VP-PRD[ *v ] {Context}
```

检索脚本如下。

```
Handle0=GetAS("|v", "", "", "", "", "", "", "", "", "")
Handle1=GetAS("$VP-PRD", "", "", "", "", "", "", "", "", "")
```

```
Handle2=JoinAS(Handle1, Handle0, "SameRight")
Handle=Context(Handle2, 10, 1000)
Del("ret.txt")
Save(Handle, "ret.txt", 1000)
```

4. GetRetNum

```
int GetRetNum()
```

GetRetNum 的功能描述如下。

获取检索结果的数量。

GetRetNum 的参数如下。

无参数。

GetRetNum 的返回值如下。

返回检索结果的数量。

GetRetNum 的脚本示例如下。

查询目标：检索体词性主语的实例，并将返回结果的数量打印到屏幕上。

检索式如下。

```
NP-SBJ{}Context
```

检索脚本如下。

```
Handle0=GetAS("$NP-SBJ", "", "", "", "", "", "", "", "", "")
Handle=Context(Handle0, 0, 100000)
Num=GetRetNum()
print(Num)
```

5. GetRet

```
(char*, int) GetRet(int No)
```

GetRet 的功能描述如下。

获取指定的第 No 条检索结果的内容及频次。

GetRet 的参数如下。

No：指定第 *i* 条结果。

GetRet 的返回值如下。

返回结果的内容及频次信息。

GetRet 的脚本示例如下。

查询目标: 检索体词性宾语的实例及其频次，通过 GetRetNum 获得结果的数量，遍历数量区间，获取体词性宾语的每条实例及其频次，并打印到屏幕上。

检索式如下。

```
NP-OBJ[]{}Freq
```

检索脚本如下。

```
Handle0=GetAS("$NP-OBJ", "", "", "", "", "", "", "", "", "")
Handle=Freq(Handle0)
vNum=GetRetNum()
for i=0, vNum-1 do
    Ret, Freq = GetRet(i)
    print(Ret……"\t"……Freq)
end
```

其中，vNum 表示 Handle 所指向检索结果集中结果的数量，Ret 表示结果集中的第 i 个结果的内容，Freq 代表频次。

6. OriOn

```
void OriOn()
```

OriOn 的功能描述如下。

如果调用该函数，则每条检索结果会携带出处信息，只能在返回检索实例的脚本中生效。

OriOn 的参数如下。

无参数。

OriOn 的返回值如下。

无返回值。

OriOn 的脚本示例如下。

查询目标: 检索体词性宾语出现的实例，宾语以 "方法" 为尾，并返回每条检索结果的实例及其出处信息。

检索式如下。

```
NP-OBJ[]Context
```

检索脚本如下。

```
OriOn()
Handle0=GetAS("$NP-OBJ_法", "方法", "", "", "", "", "", "", "", "")
Handle=Context(Handle0, 0, 100000)
Output(Handle, 100000)
```

检索结果示例如下。

```
(ID=2;Pos=text;category=通知;date=2021-02-02;index=00298627-2
/202102-00003;
industry=城乡建设、环境保护;level1=内部资源;level2=公文策
略;number=皖政办秘〔2021〕6号;publisher=安徽省人民政府办公厅;)_<Q>相应
的应急监测方案及监测方法</Q>
(ID=978;Pos=text;category=通知;date=2011-07-20;
index=11220000013544357T/2011-00385;industry=国土资源、能源|
土地|农业、林业、水利|农业、畜牧业、渔业|通知;level1=内部资源;level2=
公文策略;number=吉政办明电〔2011〕75号;publisher=吉林省人民政府办公
厅;)_<Q>科学的实测方法</Q>
(ID=767;Pos=text;category=通知;date=2015-05-08;
index=11220000013544357T/2015-00614;industry=国民经济管理、国有
资产监管|统计|通知;level1=内部资源;level2=政策法规;number=吉政办发
〔２０１５〕１９号;publisher=吉林省人民政府办公厅;)_<Q>调查采用的统计标
准和调查方法</Q>
(ID=698;Pos=text;category=通知;date=2015-12-31;
index=11220000013544357T/2015-00607;industry=民政、扶贫、救灾|
行政区划与地名|通知;level1=内部资源;level2=公文样例;number=吉政办发
〔２０１５〕７３号;publisher=吉林省人民政府办公厅;)_<Q>业务指导方法</Q>
(ID=675;Pos=text;category=意见;date=2016-02-29;
index=11220000013544357T/2016-01020;industry=卫生、体育|卫生|意
见;level1=外部资源;level2=舆情数据;number=吉政办发〔２０１６〕１２
号;publisher=吉林省人民政府办公厅;)_<Q>处理工艺简易、成本低、管理方便的
方法</Q>
(ID=603;Pos=text;category=通知;date=2016-08-01;
index=11220000013544357T/2016-01042;industry=劳动、人事、监
察|劳动就业|通知;level1=内部资源;level2=公文样例;number=吉政发
〔２０１６〕３０号;publisher=吉林省人民政府;)_<Q>一企一策的方法</Q>
```

5.4 BCC 脚本式编程语言功能

BCC 脚本式编程语言功能包括利用 BCC 语料库系统设计的检索单元，能够实现字符检索、属性检索等基本检索，加之编程语言规则和 API 的巧妙设计，还能实现字符串、属性的组合检索，以及条件检索、历时检索等高级检索。本

节将对 BCC 语料库系统实现的检索功能及 BCC 脚本式编程语言对检索功能的支持进行详细说明。

5.4.1　基本检索

BCC 脚本式编程语言支持的基本检索功能包括字符检索与属性检索两种。

1. 字符检索

字符检索的功能由 "<HZ" 或 "HZ>"（"HZ" 表示一个汉字）两种形式的检索单元来实现，以查询项的内容来区分字检索和词串检索。如果查询项为单个字符，则为字检索；如果查询项为词串，则为词串检索。字检索通常可以用来对汉字在不同领域、不同时间段的使用频率进行研究，用于确定某一领域的常用词、某一时间段的热点词等，示例如下。

查询目标 1：分别统计 "我" 和 "你" 在语料中出现的频次。

检索式如下。

```
我{}Freq
你{}Freq
```

统计 "我" 的检索脚本如下。

```
Handle0=GetAS("我>", "我", "", "", "", "", "", "", "", "")
Handle=Freq(Handle0)
Output(Handle, 1)
```

统计 "你" 的检索脚本如下。

```
Handle0=GetAS("你>", "你", "", "", "", "", "", "", "", "")
Handle=Freq(Handle0)
Output(Handle, 1)
```

查询目标 2：分别统计 "吃" 字在 2021 年和 2022 年的语料中出现的频次，指定时间约束的查询需要预先建立带有时间属性的索引。

检索式如下。

```
吃{YEAR=2021}Freq
吃{YEAR=2022}Freq
```

检索脚本如下。

```
—统计"吃"在2021年语料中出现频次的脚本示例
```

```
Condition("YEAR=2021")
Handle0=GetAS("吃>", "", "", "", "", "", "", "", "", "")
Handle=Freq(Handle0)
Output(Handle, 1)
——统计"吃"在2022年语料中出现频次的脚本示例
Condition("YEAR=2022")
Handle0=GetAS("吃>", "", "", "", "", "", "", "", "", "")
Handle=Freq(Handle0)
Output(Handle, 1)
```

词串检索可用于对词语之间的搭配共现情况进行考察，示例如下。

查询目标 3：检索"打击犯罪"和"打击罪犯"在语料中分别出现的频次。

检索式如下。

```
打击犯罪{}Freq
打击罪犯{}Freq
```

检索脚本如下。

```
——统计"打击犯罪"出现频次的脚本示例
Handle0=GetAS("<打", "打击犯罪", "", "", "", "", "", "", "", "")
Handle=Freq(Handle0)
Output(Handle, 1)
——统计"打击罪犯"出现频次的脚本示例
Handle0=GetAS("<打", "打击罪犯", "", "", "", "", "", "", "", "")
Handle=Freq(Handle0)
Output(Handle, 1)
```

"打击犯罪"的检索结果如下。

打击犯罪	10710

"打击罪犯"的检索结果如下。

打击罪犯	11

2. 属性检索

对于 BCC 语料库，属性检索包括词性标记检索、组块的性质功能标记检索、小句标记检索和整句标记检索 4 种。

（1）词性标记检索

BCC 脚本式编程语言使用"|POS"和"POS|"类型的检索单元实现词性标记检索，示例如下。

查询目标：检索词性为 p 的词语实例，返回语料中统计频次前 100 的介词实例及其频次。

检索式如下。

```
p{}Freq
```

脚本检索如下。

```
Handle0=GetAS("|p", "", "", "", "", "", "", "", "", "")
Handle=Freq(Handle0)
Output(Handle, 100)
```

检索结果示例如下。

```
在 2319641
与 672941
对 621870
为 558839
被 435876
从 334417
给 269835
以 253120
把 211677
向 163352
通过 161448
于 140473
由 131661
```

（2）组块的性质功能标记检索

BCC 脚本式编程语言使用 "|POS_HZ" 和 "HZ_POS|" 类型的检索单元实现组块的性质功能标记检索，示例如下。

查询目标：检索介词后紧邻词语 "教室" 的实例，同样返回语料中统计频次前 100 的实例及其频次。该检索脚本可用于获取语料中宾语为 "教室" 的介宾短语出现的情况。

检索式如下。

```
p 教室{} Freq
```

脚本示例如下。

```
Handle0=GetAS("|p_教", "教室", "", "", "", "", "", "", "", "")
Handle=Freq(Handle0)
Output(Handle, 100)
```

检索结果示例如下。

```
在教室    409
从教室    55
把教室    21
于教室    7
对教室    6
为教室    6
与教室    5
向教室    3
同教室    3
至教室    3
由教室    2
```

（3）小句标记检索

BCC 脚本式编程语言使用 "$TAG" 类型检索单元实现小句标记检索，获得该小句标记修饰的语言单元，示例如下。

查询目标：检索谓词性短语且在句中充当述语的组块，并返回其实例和上下文，上下文窗口为 5 个词语。

检索式如下。

```
VP-PRD[]{}Context
```

检索脚本如下。

```
Handle0=GetAS("$VP-PRD", "", "", "", "", "", "", "", "", "")
Handle=Context(Handle0, 5, 100)
Output(Handle, 100)
```

检索结果示例如下。

```
运行安全。倡导绿色<Q>出行</Q>，减少城市拥堵
劳动者，依照本规定<Q>执行</Q>。
无害化处理企业可持续<Q>运行</Q>。
能力，确保网络平台<Q>安全稳定运行</Q>。
分子量较低，<Q>有</Q>较高的渗透压，
减小径流量相似，<Q>都有</Q>增强混合的效果。
全体职工的努力，<Q>克服了</Q>物资条件和技术条件
值得期待的是，<Q>未来会有</Q>更多宣传动物保护
很高兴自己的作品<Q>得到了</Q>电影节中外评委的肯定
······
```

（4）整句标记检索

BCC 脚本式编程语言使用 "$TAG_HZ" 类型检索单元实现整句标记检索，获得的组块单元将以指定的字符或字符串为右边界，示例如下。

查询目标：检索以"实行"为结尾的述语块实例，返回实例及上下文，上下文窗口为 5 个词。

检索式如下。

```
VP-PRD[*实行]{}Context
```

检索脚本如下。

```
Handle0=GetAS("$VP-PRD_行", "实行", "", "", "", "", "", "", "", "")
Handle=Context(Handle0, 5, 100)
Output(Handle, 100)
```

检索结果示例如下。

```
和薄弱初中倾斜。<Q>实行</Q>优秀初中毕业生推荐制度
过程的法定程序。<Q>实行</Q>重大决策预公开制度
企业设立审批程序。<Q>实行</Q>融资租赁企业设立直报
准职业技能培训。<Q>实行</Q>补贴性职业技能培训目录
能够获得合理收益。<Q>实行</Q>上下游价格调整联
归集、共享应用。<Q>实行</Q>政务数据资源统一目录
骨干和高水平检查员。<Q>实行</Q>检查员编制配备、合同
的重要战略选择。<Q>实行</Q>公交优先就是百姓
部门协作的原则。<Q>实行</Q>政府负责制，在各级
优化教师资源配置。<Q>实行</Q>县域内教师资源
正向激励机制。<Q>实行</Q>低保和扶贫两
建立激励约束机制。<Q>实行</Q>一岗双责
的长效机制。<Q>实行</Q>最严格的生态环境保护
预约工作机制。<Q>实行</Q>联合测绘，推进
```

5.4.2 组合检索

当基本检索无法满足更为复杂的查询需求时，对多个检索单元的组合检索应运而生。BCC 脚本式编程语言为组合检索提供了紧邻式组合检索、离合式组合检索、共享式组合检索、限制边界的组合检索等方式，以满足用户对多样化复合检索的需求，具体组合关系类型详见 5.3.2 节的关系参数列表。

1. 紧邻式组合检索

BCC 脚本式编程语言使用"Link"关键字表示紧邻式组合检索关系。

查询目标：检索副词后紧邻出现动词的情况。

检索式如下。

```
d v{}Freq
```

检索脚本如下。

```
Handle0=GetAS("|d", "", "", "", "", "", "", "", "", "")
Handle1=GetAS("v|", "", "", "", "", "", "", "", "", "")
Handle2=JoinAS(Handle0, Handle1, "Link")
Handle=Freq(Handle2)
Output(Handle, 100)
```

检索结果示例如下。

```
依法追究      278
相结合   273
准入     252
大力发展      251
不符合   238
不超过   209
进一步加强      207
不低于   205
进一步完善      197
依法给予      178
全覆盖   166
特别是   165
不合格   154
总投资   151
大力推进      147
高度重视      138
不断提高      133
```

2. 离合式组合检索

BCC 脚本式编程语言使用 * 和 ^ 符号来分别实现小句内部和跨小句的离合式组合检索。

查询目标：检索"企业"和"承担"在小句内共现的情况，并返回整句实例。

检索式如下。

```
企业*承担{}Context
```

检索脚本如下。

```
Handle0=GetAS("业>", "企业", "", "", "", "", "", "", "", "")
Handle1=GetAS("<承", "承担", "", "", "", "", "", "", "", "")
Handle2=JoinAS(Handle0, Handle1, "*")
Handle=Context(Handle2, -1, 100)
Output(Handle, 100)
```

检索结果示例如下。

> 还有很重要的一点是，现在法院判案\<Q>企业公司承担\</Q>。
> 在目前中国直接融资市场尚不\<Q>企业或个人承担\</Q>。
> 但这个费用应该由\<Q>企业方承担\</Q>，不应该全部转嫁到市民头上！
> 这只能说明它们对\<Q>企业社会责任承担\</Q>的缺失。
> 外债是指我国境内的机关、\<Q>企业、金融机构等单位以外国货币承担\</Q>的债务。
> 但是，\<Q>企业应依法承担\</Q>对员工的法定责任，这也是一家企业的底线。
> 首先，\<Q>企业为司机承担\</Q>三险
> 两节合办\<Q>企业和行业协会承担\</Q>商业活动的策划与组织。
> 个人独资企业投资人应当依法\<Q>企业债务承担\</Q>无限责任。
> 由于汽车超载严重，蕴藏太多安全风险\<Q>企业实在承担\</Q>不起

3. 共享式组合检索

BCC 脚本式编程语言使用共享查询项（ShareQuery）、共享词性（ShareTag）、共享组块的性质（InChunk）实现共享式组合检索。

查询目标：检索"周年"一词前紧邻词性 m，后紧邻词性 n 出现的情况。

检索式如下。

```
m周年n{}Freq
```

检索脚本①如下。

```
Handle0=GetAS("|m_周", "周年", "", "", "", "", "", "", "", "")
Handle1=GetAS("年_n|", "周年", "", "", "", "", "", "", "", "")
Handle2=JoinAS(Handle0, Handle1, "ShareQuery")
Handle=Freq(Handle2)
Output(Handle, 100)
```

检索结果示例如下。

```
100周年大会      42
110周年校庆      35
100周年座谈会    33
90周年纪念日     23
90周年理论       17
60周年首脑会议    13
90周年重点       10
65周年大会       10
70周年阅兵式     10
120周年研讨会     9
```

值得关注的是，针对检索式"m 周年 n{ }Freq"，检索脚本除了可写成上述示例（检索脚本①）的形式，还有多种其他不同的书写方式，示例如下。

检索脚本②如下。

```
Handle0=GetAS("|m_周", "周年", "", "", "", "", "", "", "", "")
Handle1=GetAS("n|", "", "", "", "", "", "", "", "", "")
Handle2=JoinAS(Handle0, Handle1, "Link")
Handle=Freq(Handle2)
Output(Handle, 100)
```

检索脚本③如下。

```
Handle0=GetAS("|m", "", "", "", "", "", "", "", "", "")
Handle1=GetAS("年_n|", "周年", "", "", "", "", "", "", "", "")
Handle2=JoinAS(Handle0, Handle1, "Link")
Handle=Freq(Handle2)
Output(Handle, 100)
```

检索脚本④如下。

```
Handle0=GetAS("|m", "", "", "", "", "", "", "", "", "")
Handle1=GetAS("<周", "周年", "", "", "", "", "", "", "", "")
Handle2=JoinAS(Handle0, Handle1, "Link")
Handle3=GetAS("|n", "", "", "", "", "", "", "", "", "")
Handle4=JoinAS(Handle2, Handle3, "Link")
Handle=Freq(Handle4)
Output(Handle, 100)
```

以上检索脚本②、检索脚本③、检索脚本④均可与本例中的检索脚本①得到相同的结果，但检索性能上存在明显差异。例如，在一个包含 3014MB 规模组块结构树语料的语料库中执行上述 4 个脚本，分别耗时如下。

检索脚本①耗时：0.845523 秒。

检索脚本②耗时：4.707819 秒。

检索脚本③耗时：1.821843 秒。

检索脚本④耗时：5.318223 秒。

检索脚本②、检索脚本③与检索脚本①具有相同数量的基本查询 API（GetAS）和组合查询 API（JoinAS），但二者的检索脚本耗时却高达检索脚本①的 2 ~ 6 倍。

从 5.2.2 小节检索单元的介绍中可以知道，检索脚本②中的检索单元"n|"对应"POS|"类型的索引单元，该类型索引单元与"HZ_POS|"类型的索引单元共用同一套索引数据，即"POS|"类型的索引单元本身没有直接的索引数据。

要想获得索引单元 "|n" 的索引数据，需要遍历所有 "HZ_n|" 类型索引单元及其索引数据。其中，HZ 可能是任意紧邻出现在词性 n 左侧的字符。相比于直接遍历索引单元 "年_n|" 的索引数据，索引单元 "n|" 的语料查询范围要大得多，查询步骤也更加复杂，因此，索引单元会花费更多的时间和计算资源。

检索单元 "|m" 的情况类似，但检索脚本③明显比检索脚本②效率高，这是由于在大部分语料中，名词 n 出现的频率要远高于数词 m，所以 "n|" 的查询相比于 "|m" 慢。

而相比于其他 3 个检索脚本，查询效率最低的检索脚本④多了一个基本查询 API（GetAS）和组合查询 API（JoinAS）的调用，且使用的检索单元均没有直接对应的索引数据，因此，检索脚本④耗时最多。

由以上分析可知，在使用 BCC 脚本式编程语言描述查询目标时，应尽量使用具有直接索引数据的检索单元，例如，"|POS_HZ" "HZ_POS|" 和 "$TAG_HZ" 类型的检索单元，减少脚本中基本查询 API 和组合查询 API 的数量，合理使用组合查询的关系参数，使用效率更高的检索脚本实现检索需求。

4. 限制边界的组合检索

BCC 脚本式编程语言使用 SameRight、SameLeft 与 SameBoundary 实现涉及组块标记类检索的限制边界的组合查询。

查询目标：检索在句中充当修饰语的组块实例及其频次，且该修饰组块的块首是词性为 p 的词，块尾是词性为 n 的词。该检索脚本可用于获取在句中充当修饰语的介宾短语实例。

检索式如下。

```
NULL-MOD[p*n]{}Freq
```

检索脚本如下。

```
Handle0=GetAS("|p", "", "", "", "", "", "", "", "", "")
Handle1=GetAS("|n", "", "", "", "", "", "", "", "", "")
Handle2=JoinAS(Handle0, Handle1, "*")
Handle3=GetAS("$NULL-MOD", "", "", "", "", "", "", "", "", "")
Handle4=JoinAS(Handle3, Handle2, "SameBoundary")    ——NULL-MOD组块
和p*n表示同一个语言片段
Handle=Freq(Handle4)
```

```
Output(Handle, 100)
```

在上述脚本中，"SameBoundary" 参数用于表示与 "p*n" 的语言片段等同的 NULL-MOD 组块。

检索结果示例如下。

由建设单位	10
在自贸试验区	9
由原许可机关	9
按规定程序	9
由县级以上道路运输管理机构	9
由医保行政部门	9
比上季度	9
为市场主体	9
由承办单位	8
在区域性股权市场	8
由主办单位	8
由用人单位	8
由所在单位	8
以纪要形式	7

需要注意的是，当一个检索脚本中需要携带多个基本查询 API（ GetAS ）和多个组合查询 API（ JoinAS ）时，API 需要按照类似于单支二叉树的后序遍历形式逐层调用。基本查询和组合查询的调用流程如图 5-14 所示。基本查询 API 和组合查询 API 按图 5-14 中虚箭头方向逐层调用，以实现基本查询结果和组合查询结果的有序再组合，例如，上面的检索脚本不可以写成如下形式。

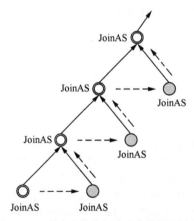

图 5-14　基本查询和组合查询的调用流程

```
Handle0=GetAS("|p", "", "", "", "", "", "", "", "", "")
Handle1=GetAS("|n", "", "", "", "", "", "", "", "", "")
Handle2=GetAS("$NULL-MOD", "", "", "", "", "", "", "", "", "")
——原本的第4行
Handle3=JoinAS(Handle0, Handle1, "*")    ——原本的第3行
Handle4=JoinAS(Handle3, Handle2, "SameBoundary")    ——NULL-MOD组
块和p*n表示同一个语言片段
Handle=Freq(Handle4)
Output(Handle, 100)
```

5.4.3　高级检索

BCC 提供的高级检索有对检索对象和语料特征的约束、对检索语料区间的约束、基于结果集基点的约束及对检索结果的后继处理 4 种类型。

1. 对检索对象和语料特征的约束

BCC 脚本式编程语言使用 Condition 来对检索对象和语料特征进行约束，示例如下。

查询目标 1：检索在句中充当主语的体词性组块，且该组块中必须包含集合"[企业 个人 集体]"中的某个元素。

检索式如下。

```
NP-SBJ[]{mid($Q)=[企业 个人 集体]}Context
```

检索脚本如下。

```
Condition("mid($Q)=[企业 个人 集体]")
Handle0=GetAS("$NP-SBJ", "", "", "", "", "", "", "", "", "")
Handle=Context(Handle0, 5, 100)
Output(Handle, 100)
```

检索结果示例如下。

```
官兵连续奋斗三天三夜，<Q>好几个人</Q>都累倒在田埂上。
每当下课，<Q>几个人</Q>就拥在一个位子上准备"大赚一把"。
<Q>"舒适性、个人化、全新的沟通体验"</Q>将成为未来汽车的标签。
<Q>两个人</Q>用小船贴着岸边走，因为大船吃水深。
本次大会上，<Q>双方政府官员、专家学者和企业机构代表等共200多人</Q>出席。
不过，无论<Q>企业</Q>要始终保有核心竞争力。
<Q>集体宿舍</Q>严格执行宿舍相关建筑设计规范规定。
<Q>集体讨论决定情况</Q>应当如实记录，不同意见应当如实载明。
......
```

查询目标 2：检索在句中充当修饰语的组块，且该组块必须以词表 "PrepWords" 中的某个元素为首，词表可提前通过 AddTag 添加到 BCC 语料库服务中心。

检索式如下。

```
NULL-MOD[]{beg($Q)=[PrepWords]}
```

检索脚本如下。

```
AddTag("PrepWords","被;让;由;在;于;自;自从;从;当;由;趁;随着;到;按照;通
过;比;拿;本着;以;凭;为;为了;由于;因为")
Condition("beg($Q)=[PrepWords]")
Handle0=GetAS("$NULL-MOD", "", "", "", "", "", "", "", "", "")
Handle=Context(Handle0, 0, 100)
Output(Handle, 100)
```

检索结果示例如下。

```
<Q>在人才引进、人员聘用、绩效管理等方面要</Q>
<Q>在申请用地前要</Q>
<Q>在竣（交）工验收时要</Q>
<Q>在项目立项时要</Q>
<Q>以满足城镇居民需要</Q>
<Q>在实际工作中要</Q>
<Q>在船舶排放控制区同步</Q>
<Q>在总结试点经验基础上逐步</Q>
<Q>在进行修缮、保养时应当</Q>
<Q>在提出的规划条件中应当</Q>
<Q>在核定绩效工资总额时</Q>
<Q>在年度土地变更调查时</Q>
```

脚本中使用的词表 "PrepWords" 可以在同一个检索脚本中，在 GetAS 函数之前使用 AddTag 函数添加到 BCC 语料库服务，也可以在本次检索之前使用其他的检索脚本添加到 BCC 语料库服务。

对语料特征的约束需要依赖于索引阶段对语料的属性特征构建的条件索引，例如，如果在索引阶段，对文档的作者、标题、发布时间、领域分类等属性信息构建了条件索引，则可在 Condition 中对检索对象所在文档的这些属性进行约束，示例如下。

查询目标 3：检索 "开放" 在 2022 年的《人民日报》语料中出现的情况。

检索式如下。

改革开放{YEAR=2022};FIELD=《人民日报》

检索脚本如下。

```
Condition("YEAR=2022;FIELD=《人民日报》")
Handle0=GetAS("<开", "开放", "", "", "", "", "", "", "", "")
Handle=Freq(Handle0)
Output(Handle, 100)
```

检索结果示例如下。

开放   531

更改脚本中的年份限制可对不同年份《人民日报》语料中"开放"的出现
情况进行对比研究。

2. 对检索语料区间的约束

BCC 脚本式编程语言提供了 AddLimit 和 ClearLimit 两个函数来设置语料
检索区间的约束，约束使用的区间需要通过 BCC 语料库工具预先从索引数据
中导出。包含语料区间的索引数据文件内容示例如图 5-15 所示。图 5-15 中
"#133 365073"一行，133 表示文档 ID，编码 365073 表示 ID 为 133 的文
档在索引数据中的区间下限，即 ID 为 133 的文档在索引数据中的语料编码区
间为 363114 到 365073(包括边界值)。这些编码区间即可用在 AddLimit 函数
中对检索语料区间进行约束，示例如下。

```
#132    363114
I:安徽省人民政府办公厅/安徽省无障碍环境建设管理办法 Y:2020
#133    365073
I:安徽省人民政府办公厅/安徽省政府制定价格成本监审办法    Y:2020
#134    366000
I:安徽省人民政府办公厅/安徽省建设工程地震安全性评价管理办法 Y:2020
#135    371835
I:安徽省人民政府办公厅/安徽省实施《优化营商环境条例》办法    Y:2019
#136    374964
I:安徽省人民政府办公厅/安徽省物业专项维修资金管理暂行办法    Y:2019
#137    378473
I:安徽省人民政府办公厅/安徽省取水许可和水资源费征收管理实施办法 Y:2019
#138    380758
I:安徽省人民政府办公厅/安徽省矿产资源储量管理办法    Y:2019
#139    382326
I:安徽省人民政府办公厅/安徽省行政许可中介服务管理办法    Y:2019
#140    383949
I:安徽省人民政府办公厅/安徽省道路交通安全管理规定    Y:2019
#141    385043
I:安徽省人民政府办公厅/安徽省城市房屋租赁管理办法    Y:2019
```

图 5-15　包含语料区间的索引数据文件内容示例

查询目标：统计"成本"在 2020 年安徽省人民政府办公厅发布的标题为"安徽省政府制定价格成本监审办法"的语料中出现的情况。

检索式如下。

```
成本{AddLimit(363114, 365073)}Context
```

检索脚本如下。

```
AddLimit(363114, 365073)
Handle0=GetAS("<成", "成本", "", "", "", "", "", "", "", "")
Handle=Context(Handle0, 5, 100)
Output(Handle, 100)
```

检索结果示例如下。

```
责任。定价机关实施<Q>成本</Q>监审，不得少于2
本办法所称<Q>成本</Q>监审，是指定价
有代表性的经营者实施<Q>成本</Q>监审，以核定的
核定定价成本，出具<Q>成本</Q>监审报告。
的规定，如实填写<Q>成本</Q>监审表，并按时
第二十六条定价机关实施<Q>成本</Q>监审不得收费，其
部门或者有关部门开展<Q>成本</Q>监审部分工作，也
机关制定价格未开展<Q>成本</Q>监审的，由价格
根据本办法应当开展<Q>成本</Q>监审的商品和服务
定价成本。第八条实行<Q>成本</Q>监审的商品和服务
定价机关应当定期为<Q>成本</Q>监审点的经营者提供
业务培训。被列为<Q>成本</Q>监审点的经营者应当
```

使用 Condition 对语料的年份进行限制只能约束到一个时间点，但 AddLimit 函数可以约束一个时间区间，并且，多次调用 AddLimit 函数设置不同的区间，即可形成多个区间约束。

3. 基于结果集基点的约束

BCC 脚本式编程语言提供了 SetBase 函数来设置结果集基点的约束，结果集基点的约束是指在同一个检索脚本中完成一部分查询后，将已获得的查询结果集设置为基点，接下来的检索将在设置的结果集基础上进行"保留"或"排除"。SetBase 函数主要用于实现二次检索的功能，示例如下。

查询目标：在"早餐"的检索结果基础上，检索出现"油条"的实例，只保留"早餐"和"油条"在句子一级共现的结果。

检索脚本如下。

```
Handle0=GetAS("餐>", "早餐", "", "", "", "", "", "", "", "")
SetBase(Handle0, 0, 0)
Handle1=GetAS("<油", "油条", "", "", "", "", "", "", "", "")
Handle=Context(Handle1, 10, 100)
Output(Handle, 100)
```

检索结果示例如下。

早餐由自治区迎宾馆提供，豆浆、<Q>油条</Q>、小菜，菜式简单而不失营养。
包括鸡蛋、豆浆、稀饭、<Q>油条</Q>等10余种早点，保证每天早餐不重样。
据肯德基内部人士透露，<Q>油条</Q>将在肯德基早餐时段出现，定价3元一根。
西班牙美食攻略9、<Q>油条</Q>配巧克力酱是西班牙的典型早餐。
麦当劳方面则表示，目前并没有推出早餐<Q>油条</Q>的计划，仍将延续一贯的经营政策。
有<Q>油条</Q>做早餐、会带着徒弟看电影。
包子、馒头以及<Q>油条</Q>等，是深受百姓喜爱的早餐食品。

4. 对检索结果的后继处理

对检索结果的后继处理是指在同一个检索脚本中实现检索，获得检索结果后，紧接着又对结果进行处理，将检索过程和结果处理过程相结合。BCC 设计提供了 GetRetNum 和 GetRet 两个函数，利用与 lua 脚本语言的深度融合性，在 BCC 检索脚本中实现对检索结果的后继处理，示例如下。

查询目标：检索充当述语块的动词，得到所有动词实例后，遍历所有的动词实例，并打印输出每个动词的音节数。

检索式如下。

```
VP-PRD[v]{}Freq
```

检索脚本如下。

```
Handle0=GetAS("$VP-PRD", "", "", "", "", "", "", "", "", "")
Handle1=GetAS("|v", "", "", "", "", "", "", "", "", "")
Handle2=JoinAS(Handle0, Handle1, "SameBoundary")
Handle=Freq(Handle2)
vNum=GetRetNum(Handle)
for i=0, vNum do
     Ret, Freq=GetRet(i)
     Len, n=math.modf(#Ret/2)
   print(Ret……"\t"……Len)
end
```

BCC 语料库返回的检索结果默认是国标编码，大部分汉字在国标使用的是 2 个字节编码，因此，脚本中通过使用"#Ret/2"来将返回结果实例的字节数计算为对应的音节数。

检索结果示例如下。

```
加强    2
建立    2
开展    2
推进    2
完善    2
支持    2
鼓励    2
实施    2
提高    2
制定    2
强化    2
提供    2
实行    2
是     1
有利于   3
```

第 6 章
BCC 语料库脚本式
编程语言应用

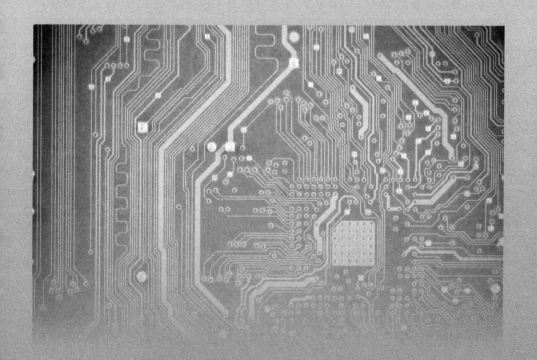

6.1　概述

对于语言现象的检索，无论是常规语言现象，还是复杂语言现象，都会面临诸多问题。

其中，语言现象的检索面临的第一个问题是，如何将人类语言所描述的语言现象或规律从文字描述转化为可被计算机处理的无歧义的形式化表达。对于用户而言，首先需要对自己的检索需求进行拆分，从最小的检索需求形式化开始，逐步将整个检索需求形式化为无歧义的表达。

语言现象的检索面临的第二个问题是，在现代汉语中，同样的形式结构可以承载不同的意义，同样的意义可以由不同的形式结构承载，即句子的形式结构和意义并不是一一对应的。这就意味着，由人所观测、总结出的语言现象，需要完成从现象到形式一对一或一对多的归纳。反之，从语言现象中总结的形式结构，也需要再利用从大规模语料库中获取到的语料进行验证。由于形式结构和意义的不对应性，使在这一研究循环中，根据语言现象归纳的形式结构无法获取与之完全对应的语料，即获得的语料文本无法准确体现形式结构所代表的语言现象。用户只有深入了解语言现象和 BCC 脚本式编程语言，才能在知识抽取过程中，发挥 BCC 脚本式编程语言的优势，减少形式结构和意义不完全对应带来的问题，尽可能地提高知识抽取的准确性。

针对以上问题，本章将以对定中短语的逐层限制检索为例，在展示 BCC 脚本式编程语言检索策略的同时，为用户展示语言现象检索的全过程。

6.2　定中结构的抽取

6.2.1　限定词性序列的检索

定中短语由定语和中心语组成，中间可以由结构助词"的"作为定中短的结构标记。其中，定语可以由名词、代词、形容词、区别词等充当；中心语可以由名词、代词、动词等充当，将这一语言学知识转化为词性序列的组合，并将词性序列的组合形式化为检索脚本，本节以最典型的中心语为名词的情况为例来说明。

检索式 1 如下。

```
n n { }Context
```

检索脚本 1 如下。

```
Handle0=GetAS("|n", "", "", "", "", "", "", "", "", "")
Handle1=GetAS("|n", "", "", "", "", "", "", "", "", "")
Handle2=JoinAS(Handle0, Handle1, "Link")
Handle=Context(Handle2, 5, 100)
Output(Handle, 20)
```

检索式 2 如下。

```
r n { }Context
```

检索脚本 2 如下。

```
Handle0=GetAS("|r", "", "", "", "", "", "", "", "", "")
Handle1=GetAS("|n", "", "", "", "", "", "", "", "", "")
Handle2=JoinAS(Handle0, Handle1, "Link")
Handle=Context(Handle2, 5, 100)
Output(Handle, 20)
```

检索式 3 如下。

```
a n { }Context
```

检索脚本 3 如下。

```
Handle0=GetAS("|a", "", "", "", "", "", "", "", "", "")
Handle1=GetAS("|n", "", "", "", "", "", "", "", "", "")
Handle2=JoinAS(Handle0, Handle1, "Link")
Handle=Context(Handle2, 5, 100)
Output(Handle, 20)
```

检索式 4 如下。

```
n 的 n { }Context
```

检索脚本 4 如下。

```
Handle0=GetAS("|n_的", "的", "", "", "", "", "", "", "", "")
Handle1=GetAS("的_n|", "的", "", "", "", "", "", "", "", "")
```

```
Handle2=JoinAS(Handle0, Handle1, "ShareQuery")
Handle=Context(Handle2, 5, 100)
Output(Handle, 20)
```

检索式 5 如下。

```
r 的 n { }Context
```

检索脚本 5 如下。

```
Handle0=GetAS("|r_的", "的", "", "", "", "", "", "", "", "")
Handle1=GetAS("的_n|", "的", "", "", "", "", "", "", "", "")
Handle2=JoinAS(Handle0, Handle1, "ShareQuery")
Handle=Context(Handle2, 5, 100)
Output(Handle, 20)
```

检索式 6 如下。

```
a 的 n { }Context
```

检索脚本 6 如下。

```
Handle0=GetAS("|a_的", "的", "", "", "", "", "", "", "", "")
Handle1=GetAS("的_n|", "的", "", "", "", "", "", "", "", "")
Handle2=JoinAS(Handle0, Handle1, "ShareQuery")
Handle=Context(Handle2, 5, 100)
Output(Handle, 20)
```

解读示例如下。

上述示例脚本试图利用词性序列对定中短语进行检索。在这种检索策略中，有多少个可能充当定语的词类，就会有多少种（理论上）词性序列的可能。当仅利用词性序列来考察某个类型的短语时，需要将所有可能的词性序列纳入检索策略当中。

上述所有检索脚本中的 Context 均可以替换为 Freq 进行实例频次统计，并将其由高到低排序输出。

检索脚本 3 的检索结果示例如下。

检索结果示例第一部分：

```
配合地震主管部门做<Q>好地震</Q>监测设施和观测环境
统筹解决好移民的<Q>长远生计</Q>问题，制定奖励和
周围、高山陡坡等<Q>重要生态区</Q>位收回的林地要
的生态特征，保护好<Q>生态区域</Q>、生态要素
培育适宜<Q>不同生态</Q>区域和市场需求
……
```

检索结果示例第二部分：

```
多功能 426
新能源 350
大数据 274
重要作用 181
新常态 177
大城市 166
全社会 161
有益效果 145
高强度 144
大范围 120
……
合法权益 93
重要内容 87
实际情况 73
先进技术 66
……
```

以上是词性序列 "a n" 在新闻、百科领域中的检索结果示例，第一部分为随机抽取的带有上下文的结果实例，第二部分为按频次由高到低统计的结果实例节选。对照分析第一部分的检索结果和检索式，我们可以发现仅依据词性序列只能抽取词语共现的实例，而不能真实地反映词语的搭配情况，例如，"好地震" 符合词性序列，但不是定中结构。对照分析第二部分的检索结果和检索式，我们可以发现在新闻、百科语料的定中短语实例中，韵律表现为 "1+2" 的短语要高于 "2+2" 的短语。

这种检索策略虽然易于理解，形式化简单，但会造成大量的重复工作。另外，例如，"a n" 此类不带有结构助词等形式标记的词性序列，获得的结果杂例较多，难以直接用于语言研究。我们可以在此基础上细化检索式，考虑从音节、词性或其他方面进行进一步的限制，示例如下。

检索式 1 如下。

```
(a) 的 (n) {len($1)=2; len($2)=2}Context
```

检索脚本 1 如下。

```
Condition("len($1)=2;len($2)=2")
Handle0=GetAS("|a_的", "的", "", "", "", "", "0, 1", "", "", "")
Handle1=GetAS("的_n|", "的", "", "", "", "", "1, 0", "", "", "")
```

```
Handle2=JoinAS(Handle0, Handle1, "ShareQuery")
Handle=Context(Handle2, 5, 100)
Output(Handle, 20)
```

检索式 2 如下。

```
(a) (n) {len($1)=2; len($2)=2}Context
```

检索脚本 2 如下。

```
Condition("len($1)=2;len($2)=2")
Handle0=GetAS("|a", "", "", "", "", "", "0", "0", "", "")
Handle1=GetAS("|n", "", "", "", "", "", "0", "0", "", "")
Handle2=JoinAS(Handle0, Handle1, "Link")
Handle=Context(Handle2, 5, 100)
Output(Handle, 20)
```

解读示例如下。

在上一阶段的检索式基础上，通过对形容词和名词的长度进行限制，获取形容词和名词长度均为 2 的结果。由于韵律等因素的作用，所以经长度限制后的检索结果杂例会得到一定的控制。

检索结果示例如下。

规划、重大政策、<Q>重大</Q><Q>工程</Q>专项、重大问题
安全准入，淘汰<Q>落后</Q><Q>工艺</Q>，优化布局，提高
产品保护示范区，在<Q>贫困</Q><Q>地区</Q>大力推进三品一
注重与<Q>发达</Q><Q>地区</Q>的产业分工协作
机构，符合城镇职工<Q>基本</Q><Q>医疗</Q>保险、城镇居民基本
资源等行为，防止<Q>优异</Q><Q>农业</Q>种子资源流失
......

重要作用 181
有益效果 145
贫困地区 115
贫困人口 114
重要讲话 114
重要意义 111
不同程度 104
合法权益 93
传统文化 92
重要内容 87

......

6.2.2　限定结构标记的检索

在 6.2.1 小节中，对于定中短语的获取，即使有了音节数量和词性的限制，获取到的定中短语实例仍存在较多杂例，这是因为汉语句子并不是线性组合的词性序列，而是层层组合、不断扩展递归的序列组合。BCC 脚本式编程语言可以利用组块的句法功能来限制查询结果的功能归属，保证检索结果符合句法规律。本小节将继续以定中短语的获取为例对限定结构标记的检索进行说明。

一般情况下，定中短语是体词性短语，在句子中经常作主语或者宾语。因此，可以利用语料中主语或宾语的功能标记对定中短语进行限制。

检索式 1 如下。

```
NP-OBJ[a n]{}Freq
```

检索脚本 1 如下。

```
1 Handle0=GetAS("|a", "", "", "", "", "", "", "", "", "")
2 Handle1=GetAS("|n", "", "", "", "", "", "", "", "", "")
3 Handle2=JoinAS(Handle0, Handle1, "Link")
4 Handle3=GetAS("$NP-OBJ", "", "", "", "", "", "", "", "", "")
5 Handle4=JoinAS(Handle3, Handle2, "SameBoundary")
6 Handle=Freq(Handle4)
7 Output(Handle, 20)
```

检索式 2 如下。

```
NP-OBJ[a 的 n]{}Freq
```

检索脚本 2 如下。

```
1 Handle0=GetAS("|a_的", "的", "", "", "", "", "", "", "", "")
2 Handle1=GetAS("的_n|", "的", "", "", "", "", "", "", "", "")
3 Handle2=JoinAS(Handle0, Handle1, "ShareQuery")
4 Handle3=GetAS("$NP-OBJ", "", "", "", "", "", "", "", "", "")
5 Handle4=JoinAS(Handle3, Handle2, "SameBoundary")
6 Handle=Freq(Handle4)
7 Output(Handle, 20)
```

解读示例如下。

以上两条检索式将词性序列与组块标记结合起来，抽取形容词作定语修饰名词且整体为体词性宾语的实例，避免了按词性序列抽取的短语边界错误。在检索脚本 1 中：第 1 ～ 3 行，获取了"a n"这一词性序列所对应的语料，第 4 ～ 5

行要求这一结果与体词性宾语同边界，即"a n"在句子中充当体词性宾语。检索脚本 2 中第 4～5 行的功能与此类似。

检索脚本 1 的检索结果示例如下。

```
重要作用 147
重要意义 98
重要贡献 58
新机遇 36
新常态 35
重要讲话 32
新台阶 32
积极作用 32
固定块 29
新动力 2
……
```

对于词性和组块组合使用的检索式，依然可以进行更加细致的限制，例如，与 6.2.1 小节的要求相同，检索双音节形容词作定语修饰双音节名词的实例。

检索式 1 如下。

```
NP-OBJ[(a) (n)]{len($1)=2;len($2)=2}Freq
```

检索脚本 1 如下。

```
Condition("len($1)=2;len($2)=2")
Handle0=GetAS("|a", "", "", "", "", "", "0", "0", "", "")
Handle1=GetAS("|n", "", "", "", "", "", "0", "0", "", "")
Handle2=JoinAS(Handle0, Handle1, "Link")
Handle3=GetAS("$NP-OBJ", "", "", "", "", "", "", "", "", "")
Handle4=JoinAS(Handle3, Handle2, "SameBoundary")
Handle=Freq(Handle4)
Output(Handle, 20)
```

检索式 2 如下。

```
NP-OBJ[(a) 的 (n)]{len($1)=2;len($2)=2}Freq
```

检索脚本 2 如下。

```
Condition("len($1)=2;len($2)=2")
Handle0=GetAS("|a_的", "的", "", "", "", "", "0,1", "", "", "")
Handle1=GetAS("的_n|", "的", "", "", "", "", "1,2", "", "", "")
Handle2=JoinAS(Handle0, Handle1, "ShareQuery")
Handle3=GetAS("$NP-OBJ", "", "", "", "", "", "", "", "", "")
Handle4=JoinAS(Handle3, Handle2, "SameBoundary")
Handle=Freq(Handle4)
```

```
Output(Handle, 20)
```

解读示例如下。

需要说明的是，与 6.2.1 小节相比，这两个检索式增加了词长的限制，便于进行语言中的韵律研究。

检索脚本 1 的检索结果示例如下。

```
有效措施        60
有力措施        27
贫困地区        26
重要意义        20
配套政策        19
良好环境        17
基本药物        15
良好氛围        15
不同情况        13
重要作用        13
重要贡献        13
权威信息        13
重大问题        13
有利条件        12
......
```

6.2.3　限定词语范围的检索

6.2.2 小节通过在检索脚本中添加结构标记信息进行边界限制，检索结果的质量已经大大提高。但是这种检索是对定中结构整体的考察，对于某些精细化研究可能并不适用。例如，可以限制充当定语的词语范围，观察其中心语的特点。BCC 脚本式编程语言中以词表的形式来限定词语的范围，本小节将对使用词表定中短语的检索流程进行展示。

检索式 1 如下。

```
NP-OBJ[(a)的(n)]{len($1)=2;len($2)=2;equ($1)=[AdjWord]}Freq
```

检索脚本 1 如下。

```
AddTag("AdjWord", "积极;重要;必要")
Condition("len($1)=2;len($2)=2;equ($1)=[AdjWord]")
Handle0=GetAS("|a_的", "的", "", "", "", "", "0, 1", "", "", "")
```

```
Handle1=GetAS("的_n|", "的", "", "", "", "", "1, 2", "", "", "")
Handle2=JoinAS(Handle0, Handle1, "ShareQuery")
Handle3=GetAS("$NP-OBJ", "", "", "", "", "", "", "", "", "")
Handle4=JoinAS(Handle3, Handle2, "SameBoundary")
Handle=Freq(Handle4)
Output(Handle, 20)
```

解读示例如下。

该脚本中词表内的词语只是为了示例随机选取的,用户在实际使用时可根据具体的需求更改。使用 AddTag 函数添加指定词表后,如果不删除该词表或关闭语料库服务,则用户可永久使用,BCC 语料库系统通过设置实现此功能,方便用户重复进行某一研究对象的检索。

检索结果示例如下。

```
重要的作用        39
重要的意义        33
重要的地位        9
积极的作用        7
必要的条件        3
必要的控制        3
重要的影响        3
......
```

6.2.4 限定语料特征的检索

以上检索都是在大规模、多领域的语料中进行的,但有些研究对语料的需求更加细致、更加精密。例如,需要限定文档发表时间、语料领域、段落位置等属性信息(属性信息的使用需要依赖于索引阶段对语料的属性特征构建的条件索引),通过对语料进行细分考察,可以凸显某一语言现象在特定语料范围内的表现。

检索式 1 如下。

```
NP-OBJ[a的n]{category=[通知]}Freq
```

检索脚本 1 如下。

```
Condition("category=通知")
Handle0=GetAS("|a_的", "的", "", "", "", "", "", "", "", "")
Handle1=GetAS("的_n|", "的", "", "", "", "", "", "", "", "")
Handle2=JoinAS(Handle0, Handle1, "ShareQuery")
Handle3=GetAS("$NP-OBJ", "", "", "", "", "", "", "", "", "")
```

```
Handle4=JoinAS(Handle3, Handle2, "SameBoundary")
Handle=Freq(Handle4)
Output(Handle, 30)
```

解读示例如下。

上述检索式通过 Condition 将检索语料范围限制在公文文本中"通知"这一类别之下。

检索结果示例如下。

```
新的要求        2
新的增量        2
科学的规划      1
新的成效        1
新的规定        1
广泛的代表性    1
......
```

需要说明的是，BCC 语料库包含语料的时间信息，下面对如何使用语料的时间信息进行展示。

检索式 2 如下。

```
NP-OBJ[a 的 n]{date=2017-04-13}Freq
```

检索脚本 2 如下。

```
Condition("date=2017-04-13")
Handle0=GetAS("|a_的", "的", "", "", "", "", "", "", "", "")
Handle1=GetAS("的_n|", "的", "", "", "", "", "", "", "", "")
Handle2=JoinAS(Handle0, Handle1, "ShareQuery")
Handle3=GetAS("$NP-OBJ", "", "", "", "", "", "", "", "", "")
Handle4=JoinAS(Handle3, Handle2, "SameBoundary")
Handle=Context(Handle4)
Output(Handle, 30)
```

解读示例如下。

该检索脚本通过 Condition 将检索范围限制在具有"date=2017-04-13"时间信息的语料中。

检索结果示例如下。

```
<Q>必要的场地</Q>
```

进一步地，可以通过 AddLimit 添加区间限制，便于用户进行历时检索。例如，可以分别在安徽省人民政府办公厅 2020 年和 2019 年公布的文件中检索包含"a 的

n"的体词性宾语块。添加区间限制后，2020 年和 2019 年的文件检索结果示例如图 6-1 所示。

```
#126    350880
I:安徽省人民政府办公厅/安徽省人民政府令第300号   Y:2021
#127    351046
I:安徽省人民政府办公厅/安徽省人民政府令第298号   Y:2020
#128    353912
I:安徽省人民政府办公厅/安徽省人民政府令第297号   Y:2020
#129    354070
I:安徽省人民政府办公厅/安徽省人民政府令第296号   Y:2020
#130    360320
I:安徽省人民政府办公厅/安徽省人民政府令第295号   Y:2020
#131    360577
I:安徽省人民政府办公厅/安徽省人民政府令第294号   Y:2020
#132    363114
I:安徽省人民政府办公厅/安徽省无障碍环境建设管理办法 Y:2020
#133    365073
I:安徽省人民政府办公厅/安徽省政府制定价格成本监审办法   Y:2020
#134    366000
I:安徽省人民政府办公厅/安徽省建设工程地震安全性评价管理办法 Y:2020
#135    371835
I:安徽省人民政府办公厅/安徽省实施《优化营商环境条例》办法   Y:2019
#136    374964
I:安徽省人民政府办公厅/安徽省物业专项维修资金管理暂行办法   Y:2019
#137    378473
I:安徽省人民政府办公厅/安徽省取水许可和水资源费征收管理实施办法 Y:2019
#138    380758
I:安徽省人民政府办公厅/安徽省矿产资源储量管理办法   Y:2019
#139    382326
I:安徽省人民政府办公厅/安徽省行政许可中介服务管理办法   Y:2019
#140    383949
I:安徽省人民政府办公厅/安徽省道路交通安全管理规定   Y:2019
#141    385043
I:安徽省人民政府办公厅/安徽省城市房屋租赁管理办法   Y:2019
#142    387610
I:安徽省人民政府办公厅/安徽省融资担保公司管理办法（试行）   Y:2019
#143    389350
I:安徽省人民政府办公厅/安徽省气象设施和气象探测环境保护办法 Y:2019
#144    390962
I:安徽省人民政府办公厅/安徽省陆生野生动物造成人身伤害和财产损失补偿办法 Y:2019
#145    393250
I:安徽省人民政府办公厅/安徽省机动车排气污染防治办法 Y:2019
#146    395649
I:安徽省人民政府办公厅/安徽省人民防空工程建设与维护管理规定 Y:2019
```

图 6-1　添加区间限制后，2020 年和 2019 年的文件检索结果示例

检索式 3 如下。

```
NP-OBJ[a 的 n]{AddLimit(350880, 366000);AddLimit(366000, 395649)}Count
```

检索脚本 3 如下。

```
AddLimit(350880, 366000)
AddLimit(366000, 395649)
Handle0=GetAS("|a_的", "的", "", "", "", "", "", "", "", "")
Handle1=GetAS("的_n|", "的", "", "", "", "", "", "", "", "")
Handle2=JoinAS(Handle0, Handle1, "ShareQuery")
```

```
Handle3=GetAS("$NP-OBJ", "", "", "", "", "", "", "", "", "")
Handle4=JoinAS(Handle3, Handle2, "InChunk")
Handle=Count(Handle4)
Output(Handle, 30)
```

解读示例如下。

根据图片可以确定公文语料的索引范围，从而得知 AddLimit 的区间范围。限定检索区间，进而利用 Count 统计频次信息，辅助对包含"a 的 n"的体词性宾语块进行历时分析。

检索结果示例如下。

```
选址、规划、设计、施工等必要的技术支持_1；
无障碍知识教育和必要的技能培训_1；
少数零星分散的社会保险费_1；
必要的交通、通信和自然灾害核查、评估等装备_1          4条
不同的措施_1；
全国审批事项最少、办事效率最高、投资环境最优、市场主体和人民群众获得感最强
的省份之一_1；
统一的企业登记业务规范、数据标准和平台服务接口_1；
必要的工程、技术措施_1；
统一的机动车环保检验方法与技术规范_1；
统一的市场服务体系_1；
程序规范、公开透明、权利与义务相一致的原则_1    7条
```

6.2.5　限定检索基点的检索

进一步地，API 函数 SetBase 可以对上述检索结果进行检索基点的限定，例如，可以限定定中短语所在的句子类型，具体实现过程为：首先通过 SetBase 限定句子类型，然后在此基础上检索定中短语。下文以检索动词"有"与定中短语在同一句子中的复现情况为例。

检索脚本如下。

```
Handle0=GetAS("VP-PRD", "", "", "", "", "", "", "", "", "")
Handle1=GetAS("<有", "有", "", "", "", "", "", "", "", "")
Handle2=JoinAS(Handle0, Handle1, "SameBoundary")
SetBase(Handle2, 0, 0)
Handle3=GetAS("|a_的", "的", "", "", "", "", "", "", "", "")
Handle4=GetAS("的_n|", "的", "", "", "", "", "", "", "", "")
Handle5=JoinAS(Handle3, Handle4, "Link")
Handle=Count(Handle5)
```

```
Output(Handle, 100)
```

解读示例如下。

"有"字句，即动词"有"充当核心谓词的句子。该检索脚本试图检索"有"字句中形容词作定语修饰名词的定中短语的使用情况。具体而言，首先进行"有"字句的检索，得到检索结果后，通过 SetBase 将上一步的检索结果作为新的检索基点，在此基础上进行定中短语的检索，即可获得在"有"字句中的定中短语的使用情况。

检索结果示例如下。

行政机关实施\<Q\>有\</Q\>合法的依据。　　　-1
通俗读物\<Q\>有\</Q\>较强的科学性、知识性，对传播和普及社会科学知识起到了积极的作用；　-1
建立利益相关方、公众、专家、媒体等列席和旁听政府有关会议\<Q\>有\</Q\>广泛的代表性，听证意见要作为决策的重要参考，增强决策透明度。　　-1

另外，SetBase 可以排除某些语言现象，进一步限制结果的范围。例如，在指定领域的语料中检索时，受语体的影响，某些词语或用法的频率激增，当需要排除包含这些影响因素的语料以观察其他语言现象时，就可以利用这一功能。

下文仍以形容词作定语修饰名词的定中短语为例。例如，在公文领域中，"有效措施"这一短语高频出现，如果输出的结果数量较小，那么输出的可能都是这一短语实例及其所在的上下文，无法有效观察其他短语的情况，此时，可以通过 SetBase 将这一短语实例从定中短语的检索结果中排除。

检索脚本如下。

```
Handle0=GetAS("施>", "有效措施", "", "", "", "", "", "", "", "")
SetBase(Handle0, 1, 0)
Handle0=GetAS("|a", "", "", "", "", "", "", "", "", "")
Handle1=GetAS("|n", "", "", "", "", "", "", "", "", "")
Handle2=JoinAS(Handle0, Handle1, "Link")
Handle3=GetAS("$NP-OBJ", "", "", "", "", "", "", "", "", "")
Handle4=JoinAS(Handle3, Handle2, "SameBoundary")
Handle=Context(Handle4, 5)
Output(Handle, 50)
```

解读示例如下。

该脚本在排除"有效措施"的基础上，对形容词作定语修饰名词的定中短语进行检索。具体而言，首先检索"有效措施"，然后通过 SetBase 将排除"有效措施"后的语料作为新的检索基点，在新的检索基点上继续检索形容词作定语修饰名词的体词性宾语的情况。

检索结果示例如下。

```
污水无害化处理设施作为<Q>配套工程</Q>，同步设计、同步    -1
建设。我省现有<Q>独立工矿区</Q>33个，按照资源 -1
任务，不得任意压缩<Q>合理工期</Q>，不得降低工程结构    -1
安全准入，淘汰<Q>落后工艺</Q>，优化布局，提高     -1
公共体育设施拆迁到<Q>偏远地段</Q>。        -1
布局要求落实到<Q>具体地块</Q>。          -1
建设用地。建<Q>新地块</Q>应符合土地利用总体       -1
国际上也占有<Q>重要地位</Q>。      -1
```

从以上检索结果可以看出，如果排除了非必须（暂时）的高频现象，则可以观测到更多的定中短语的情况。

6.3　小结

本章从定中短语可能的检索需求出发，为 BCC 脚本式编程语言的应用提供了检索示例，即限定词性序列的检索、限定结构标记的检索、限定词语范围的检索、限定语料特征的检索及限定检索基点的检索。以上示例凸显了 BCC 脚本式编程语言的价值，BCC 脚本式编程语言描述的能力强，能够精确地描述各种复杂语言现象，并从大规模语料中获取目标实例；同时，能够有效支持大规模语料的高效检索，书写灵活，可控性强。

第 7 章
个性化语料库的构建

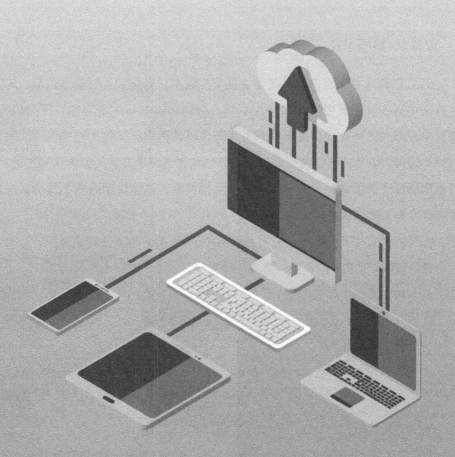

本章将从准备索引数据、构建语料索引、语料库使用 3 个方面对构建个性化语料库的工作内容和流程进行详细说明。具体来说，本章将借助 BCC 语料库工具，带领读者体验从语料库的准备索引数据，到构建语料索引，再到语料库使用的各个方面，以期能够帮助用户使用个性化语料，构建满足个性化研究需求的语料库，降低语料库的构建门槛，提升语料库使用的灵活性和自主性。

7.1　准备索引数据

7.1.1　数据信息

BCC 语料库可支持的语料类型主要有生语料、分词和词性标注语料、句法结构树语料 3 种。其中，本章将生语料、分词和词性标注语料称为序列语料，语料中未标注结构或指向关系。本书将句法结构树语料又称为结构语料，句法结构树语料可以是短语结构树语料、依存结构树语料或其他类型的结构树语料。结构语料标注了语言单元间多层次句法结构关系，能够借助画图工具将其展示为一个具有多层结构的树状图。

以句子"他左手的食指一直有一个茧子。"为例，具体分析如下。

原始语料：他左手的食指一直有一个茧子。

分词和词性标注如下。

他/r 左手/n 的/u 食指/n 一直/d 有/v 一个/m 茧子/n 。/w

句法结构分析如下。

```
[ROOT [IP [NP-SBJ [r 他] [n 左手] [u 的] [n 食指]] [VP-PRD [NULL-
MOD [d 一直]] [VP-PRD [v 有]]] [NP-OBJ [m 一个] [n 茧子]] [w
[w 。]]]]
```

例句的句法结构分析结果树形图示例如图 7-1 所示。

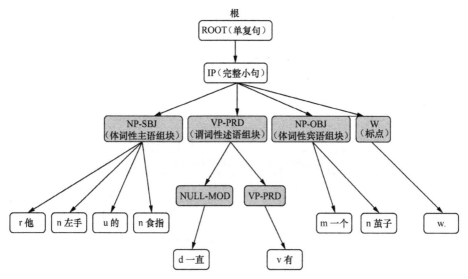

图 7-1　例句的句法结构分析结果树形图示意

加工标注程度不同的语料在结构形态和携带的语言知识种类及丰富度上都存在差异。序列语料包含了字符信息、词汇信息和词类信息。结构语料则额外囊括了更多的句法功能和结构信息。例如，在图 7-1 所示的句法结构分析结果树中，除了有叶节点上的词语和词类信息，还包括组块的性质功能标记、句标记及不同层语言单元间的结构关系。

BCC 语料库工具针对语料的不同形态和知识特点，考虑到不同类型语料的检索需求，进行了相应的功能设计与开发，能够支持在有限的时空资源条件下，完成对大规模、多形态语料的高效索引，实现复杂的知识检索。

7.1.2　数据预处理

BCC 语料库的大部分语料来自互联网，因此，本小节主要介绍网页文本加工处理的过程。正文数据的预处理流程如图 7-2 所示。该流程包括 4 个方面内容：一是对语料正文内容和文档元数据去噪；二是替换语料正文中的特殊字符，将正文按行划分后存放为大小均匀的正文数据文件，并将每篇文档的行号区间及文档元数据存入元数据文件；三是将正文数据文件送入语料标注工具标注；四是将完成标注的正文数据文件转换为国标编码，以待索引使用。本小节将对每个步骤的具体操作进行详细说明。

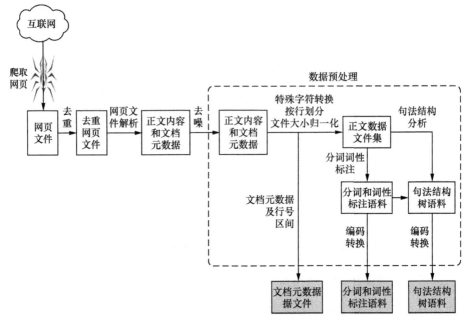

图 7-2　正文数据的预处理流程

本小节将以一批互联网上可以搜索到的公文数据为例，对数据预处理进行详细介绍。后续章节也均在该数据集基础上对构建索引、创建语料库服务及语料库使用进行详细说明。该数据集原始格式示例如下。

```
<#>0  id=2;date=2021-02-22;industry=工业、交通;publisher=安徽省
人民政府办公厅;number=皖政秘〔2021〕24号;index=00298627-2/202102-
00019;category=批复;level1=内部资源;level2=公文策略;
<p>title
安徽省人民政府关于同意设立北沿江高速公路滁州至马鞍山段全椒东收费站的批复
</p>
<p>text
省交通运输厅、省发展改革委、省财政厅:
《关于北沿江高速公路滁州至马鞍山段全椒东收费站建成设站收费经营的请示》（皖
交路〔2021〕22号）悉。经研究，现批复如下:
一、同意设立北沿江高速公路滁州至马鞍山段全椒东收费站，站址位于天天高速
K102+900m处（原滁马高速K31+650m处），站名为"全椒东收费站"，由安徽省交通
控股集团有限公司经营管理。
二、全椒东收费站自开通之日起收费。经营期限按照省政府《关于东至九江安徽段等3
条高速公路收费经营期限的批复》（皖政秘〔2020〕240号）执行; 收费标准按照省
```

交通运输厅、省发展改革委、省财政厅《关于印发安徽省收费公路车辆通行费计费方式调整方案的通知》（皖交路〔2019〕144号）等规定执行；免费范围按照省交通运输厅、省发展改革委、省财政厅《关于清理规范我省地方性车辆通行费减免政策有关事项的通知》（皖交路〔2019〕134号）及有关规定执行。

三、收费单位自收费之日起，要在收费站设置公告牌，向社会公布省政府批准收费文件、收费项目、收费标准、收费起止时间和监督电话等。要坚持文明执勤和收费，自觉接受有关部门和社会的监督。

安徽省人民政府

2021年2月3日


```
</p>
</#>
......
```

该数据集包括了1000篇已发布的公文文档，在GBK编码下大小为8.58MB。从原文检索到的示例中可以看到，数据内容格式不规范，正文部分存在大量不必要的空行、乱码，也可能存在不可见字符。

1. 清洗

BCC语料库将清洗作为数据预处理的第一步，是在已完成语料去重和网页文件解析的基础上，对文档正文内容和文档元数据进行清洗，包括去噪和特殊字符转换。根据以往数据处理经验，总结出该步骤的主要去噪对象包括不可见字符、乱码、非法长字符串、中文语料中的多余空格、残留 HTML 标签 5 种。

（1）去噪

① 不可见字符

不可见字符通常是指不可打印的字符，这些字符无法在显示设备或打印设备上打印显示。因此，可利用这类字符没有图形显示的特点将其去除，示例代码如下。

```
def remove_upprintable_chars(s):
    return ''.join(x for x in s if x.isprintable())
```

上述示例代码中使用了 python3 的 isprintable() 方法判断字符是否可打印。

② 乱码

当一个字符被读取成无法识别的字符时，将其称为乱码。针对汉语语料的特点，BCC 语料库在预处理阶段使用严格的字符编码区间过滤所有语料，以剔除对语言研究价值不高，但易造成读写错误的字符。语料保留字符编码区间见表 7-1。

表 7-1　语料保留字符编码区间

区间	说明
4E00–9FBF	中文字符范围；CJK 统一表意符号 (CJK Unified Ideographs，CJKUI)
0020–007E	ASCII 值码表中前 95 个可显示字符
3001–301F	部分 CJK 标点符号
FF01–FF65	全角 ASCII、全角中英文标点

示例代码如下。

```
import re
def remove_disorder_code(s):
    return re.sub(u"([^\u4E00-\u9FBF\u0020-\u007E\u3001-\u301F\
uFF01-\uFF65])", "", s)
```

语料经以上代码处理后，将只保留表 7-1 中所列的字符。根据语料库涉及语种和研究需求的不同，需自行调整代码中的预保留字符编码区间。

③ 非法长字符串

BCC 语料库将由数字、字母组成的字符长度大于等于 20 的字符串认定为非法长字符串，可在预处理程序中利用正则表达式删除此类字符串，示例代码如下。

```
def remove_illegal_long_str(s):
    return re.sub(r"[a-zA-Z0-9]{20, }", "", s);
```

示例代码中设置的字符长度上限"20"并非在任何情况下的最佳值，用户可自行调整。

④ 中文语料库中的多余空格

由于网页文本书写的任意性或网页排版的需要，所以从网络上采集的数据经常出现大量空格。汉语语料中的空格往往不具有实质作用，如果不进行处理，则将造成大量设备资源浪费，并对语料库的检索结果产生干扰，可通过以下代码处理语料中的空格。

```
def remove_extra_space(s):
    return "".join(s.split())
```

⑤ 残留 HTML 标签

从网页文件中解析出的语料正文可能存在残留的 HTML 标签，这些标签本身与文本主题内容无关，可以使用正则表达式"</?[\w]+>"来过滤此类标签，示例代码如下。

```
def remove_HTML_label(s):
    return re.sub(r"</?[\w]+>", "", s)
```

（2）特殊字符转换

BCC 语料库建设中需要替换的特殊字符包括在 5.2.2 小节提到的用于标识检索单元的符号"|（竖线）、$（美元符）、<（左尖括号）、>（右尖括号）"，用于表示结构语料的中括号"[ ]"和小括号"( )"，以及英文双引号""""和词性标记前的反斜杠"/"。为了避免 BCC 语料库工具对这些字符索引和检索过程中发生误判，需要将语料中这些半角字符全都转换为对应的全角字符，转换代码示例如下。

```
def replace_special_char(s):
    return S.translate(str.maketrans({"|": "｜", "$": "＄", "<": "＜",
    ">":"＞", "[": "［", "/]":"/］", "(": "（", "/)":"/）", "/": "/／"}))
```

上述示例代码中使用 Python 的内建方法 str.maketrans( ) 创建字符映射转换表，并调用 translate( ) 方法完成转换。

经过以上清洗步骤后的文本内容如下。

安徽省人民政府关于同意设立北沿江高速公路滁州至马鞍山段全椒东收费站的批复
省交通运输厅、省发展改革委、省财政厅：
《关于北沿江高速公路滁州至马鞍山段全椒东收费站建成设站收费经营的请示》（皖交路〔2021〕22号）悉。
经研究，现批复如下：
一、同意设立北沿江高速公路滁州至马鞍山段全椒东收费站，站址位于天天高速K102+900m处（原滁马高速K31+650m处），站名为全椒东收费站，由安徽省交通控股集团有限公司经营管理。
二、全椒东收费站自开通之日起收费。经营期限按照省政府《关于东至九江安徽段等3条高速公路收费经营期限的批复》（皖政秘〔2020〕240号）执行；收费标准按照省交通运输厅、省发展改革委、省财政厅《关于印发安徽省收费公路车辆通行费计费方式调整方案的通知》（皖交路〔2019〕144号）等规定执行；免费范围按照省交通运输厅、省发展改革委、省财政厅《关于清理规范我省地方性车辆通行费减免政策有关事项的通知》（皖交路〔2019〕134号）及有关规定执行。
三、收费单位自收费之日起，要在收费站设置公告牌，向社会公布省政府批准收费文件、收费项目、收费标准、收费起止时间和监督电话等。要坚持文明执勤和收费，自觉接受有关部门和社会的监督。

安徽省人民政府
2021年2月3日

2. 切分

数据预处理第二步包括创建正文数据文件及元数据文件 2 个部分。

语料正文在经过清洗后，需按整句标点划分为行，并存放在大小均匀的正文数据文件中。例如，每个正文数据文件存 50 万句。大小均匀的数据文件有助于在语料标注和索引阶段，根据文件大小及机器的剩余空间合理安排并行数量，实现资源的高效利用，提升数据处理的速度。

在上述数据处理的同时，以文档为单位，将属于同一篇文档的行号区间和该文档的元数据信息以特定的格式存入元数据文件。需要注意的是，正文数据文件需要严格按照先后顺序编号，以便在标注完成后，每篇文档的正文能够准确与元数据文件中的行号区间和元数据信息对应上。

BCC 语料库索引所需的元数据文件主要有出处信息文件、属性信息文件、句信息文件 3 类，具体说明如下。

① 出处信息文件

出处信息文件包含了每篇文档的行号区间及出处信息，例如，作者、标题、发表日期等。其中，时间信息是构建历时索引、实现历时检索的信息基础。因此，该文件主要用于构建历时索引，以支持历时检索和打印出处信息。出处信息文件内容格式如下。

```
#开始行号  终止行号
T:出处信息1    出处信息2    出处信息3    ......    出处信息n
#开始行号  终止行号
T:出处信息1    出处信息2    出处信息3    ......    出处信息n
```

② 属性信息文件

属性信息文件包含了文档的属性和属性值，例如，领域、主题、文章发布机构等。根据语料的来源、体裁的不同，属性内容会有区别，一般只选择对文档具有明显标识作用，对提升语料库检索效果和性能有价值的属性。该文件用于构建条件索引，以支持使用属性约束的条件检索。属性信息文件的内容格式如下。

```
#文档ID
属性名=属性值
```

```
属性名=属性值
属性名=属性值
……
#文档ID
属性名=属性值
属性名=属性值
属性名=属性值
……
```

③ 句信息文件

句信息文件包括句子行号、句子所在的文档编号及位置信息。例如，句子处于文档的标题、摘要或正文等的位置信息。句信息文件和属性信息文件一起用于构建条件索引，以支持在检索时使用位置信息对查询范围进行限定。句信息文件的内容格式如下。

```
句ID  文档ID  句子在文档中的位置
句ID  文档ID  句子在文档中的位置
句ID  文档ID  句子在文档中的位置
……
```

通过以上切分过程获得元数据文件和切分后的正文数据文件如下所示。

示例①：出处信息文件"Org.txt"内容

```
#0 379
T:安徽省人民政府办公厅/安徽省人民政府办公厅关于印发安徽省生产安全事故应急预
案的通知 Y:2021
#380 392
T:安徽省人民政府办公厅/安徽省人民政府关于同意设立北沿江高速公路滁州至马鞍山
段全椒东收费站的批复 Y:2021
#393 789
T:安徽省人民政府办公厅/安徽省人民政府办公厅关于印发安徽省突发环境事件应急预
案的通知 Y:2021
#790 871
T:安徽省人民政府办公厅/安徽省人民政府办公厅关于贯彻落实国务院进一步提高上市
公司质量意见有关事项的通知 Y:2021
#872 948
T:安徽省人民政府办公厅/安徽省人民政府办公厅关于印发全面推行证明事项告知承诺
制实施方案的通知 Y:2021
```

其中，以"#"为首的行表示一篇文档的行号区间，以"T:"为首的行表示该篇文档的发文机构和标题，"Y:"标记表示发文年份。另外，出处信息文件也可以包括作者、平台等信息。

示例②：属性信息文件 "DocInfo.txt" 内容

```
#0
date=2021-02-22
industry=市场监管、安全生产监管
publisher=安徽省人民政府办公厅
number=皖政办秘〔2021〕12号
index=00298627-2/202102-00018
category=通知
level1=内部资源
level2=政策法规
#1
date=2021-02-22
industry=工业、交通
publisher=安徽省人民政府办公厅
number=皖政秘〔2021〕24号
index=00298627-2/202102-00019
category=批复
level1=内部资源
level2=公文策略
······
```

示例②数据集为公文数据，公文文档一般会携带索引号、产业分类、主题分类、发文机关、发布日期、等级分类等属性信息。这些信息均以"属性 = 属性值"的形式存放在属性信息文件中以供索引使用。

示例③：句信息文件 "SentInfo.txt" 内容

```
0 0 title
1 0 text
2 0 text
3 0 text
······
379 0 text
380 1 title
381 1 text
382 1 text
383 1 text
······
393 2 title
394 2 text
395 2 text
396 2 text
······
```

示例③中，"0 0 title"表示句子行号为 0，句子所在文档编号也为 0，且该句处于编号为 0 的文档的标题位置上。"379 0 text"表示行号为 379 的句子位于编号为 0 的文档内，且位于该文档正文部分的最后一句。

正文数据文件"data.txt_out"内容示例如下。

```
······
安徽省人民政府关于同意设立北沿江高速公路滁州至马鞍山段全椒东收费站的批复
省交通运输厅、省发展改革委、省财政厅：
《关于北沿江高速公路滁州至马鞍山段全椒东收费站建成设站收费经营的请示》（皖
交路〔2021〕22号）悉。
经研究，现批复如下：
一、同意设立北沿江高速公路滁州至马鞍山段全椒东收费站，站址位于天天高速
K102+900m处（原滁马高速K31+650m处），站名为全椒东收费站，由安徽省交通控
股集团有限公司经营管理。
二、全椒东收费站自开通之日起收费。
经营期限按照省政府《关于东至至九江安徽段等3条高速公路收费经营期限的批复》
（皖政秘〔2020〕240号）执行；
收费标准按照省交通运输厅、省发展改革委、省财政厅《关于印发安徽省收费公路车
辆通行费计费方式调整方案的通知》（皖交路〔2019〕144号）等规定执行；
免费范围按照省交通运输厅、省发展改革委、省财政厅《关于清理规范我省地方性车
辆通行费减免政策有关事项的通知》（皖交路〔2019〕134号）及有关规定执行。
三、收费单位自收费之日起，要在收费站设置公告牌，向社会公布省政府批准收费文
件、收费项目、收费标准、收费起止时间和监督电话等。
要坚持文明执勤和收费，自觉接受有关部门和社会的监督。
                                                          安徽省人民政府
                                                          2021年2月3日
······
```

3. 标注

数据预处理第三步是数据标注，根据数据标注的不同要求，分别使用分词和词性标注工具、句法结构树标注分析工具处理。

（1）分词和词性标注工具

BCC 语料库使用自主研发的分词工具包来对语料进行分词和词性标注，也可以使用其他开源工具。

分词和词性标注语料示例如下。

```
安徽省/ns 人民/n 政府/n 办公厅/n 关于/p 印发/v 安徽省/ns 生产/v 安全/
an 事故/n 应急/vn 预/Vg 案/Ng 的/u 通知/n
各/r 市/n 、/w 县/n 人民/n 政府/n ，/w 省政府/n 各/r 部门/n 、/w 各/
r 直属/b 机构/n ：/w
```

现/d 将/d 修订/v 后/f 的/u 《/w 安徽省/ns 生产/v 安全/an 事故/n 应急/
vn 预/Vg 案/Ng 》/w 印发/v 给/p 你们/r ，/w 请/v 结合/v 实际/n ，/w
认真/ad 贯彻/v 实施/v 。/w
2010/m 年/q 11/m 月/n 30/m 日/q 省政府/n 办公厅/n 印发/v 实施/v 的/u 《/
w 安徽省/ns 安全生产/n 事故/n 灾难/n 应急/vn 预/Vg 案/Ng 》/w （/w 皖/j
政/j 办/j 秘/j 〔/w 2010/m 〕/w 160/m 号/q ）/w 同时/c 废止/v 。/w
安徽省/ns 人民/n 政府/n 办公厅/n
2021/m 年/q 2/m 月/n 6/m 日/q
安徽省/ns 生产/v 安全/an 事故/n 应急/vn 预/Vg 案/Ng

（2）句法结构树标注分析工具

BCC 语料库使用的句法结构树标注工具是自主研发的组块树分析工具，也可以使用其他开源句法结构分析工具。BCC 语料库使用的分析器以组块状短语结构树为句法表示，能够根据各组块的性质及功能标注句子"骨架"，突出中心词信息。

组块结构树语料示例如下。

(ROOT (IP (NP-HLP (ns 安徽省) (n 人民) (n 政府) (n 办公厅) (p 关于)
(v 印发) (ns 安徽省) (v 生产) (an 安全) (n 事故) (vn 应急) (Vg 预)
(Ng 案) (u 的) (n 通知))))
(ROOT (IP (NP-HLP (r 各) (n 市) (w 、) (n 县) (n 人民) (n 政府)
(w ，) (n 省政府) (r 各) (n 部门) (w 、) (r 各) (b 直属) (n 机构))
(w (w ：))))
(ROOT (IP (VP-PRD (NULL-MOD (d 现) (d 将) (v 修订) (f 后) (u 的) (w
《) (ns 安徽省) (v 生产) (an 安全) (n 事故) (vn 应急) (Vg 预) (Ng 案)
(w 》)) (VP-PRD (v 印发) (p 给))) (NP-OBJ (r 你们)) (w (w ，)) (IP
(VP-PRD (v 请)) (VP-PRD (v 结合)) (NP-OBJ (n 实际)) (w (w ，)) (IP
(VP-PRD (NULL-MOD (ad 认真)) (VP-PRD (v 贯彻))) (VP-PRD (v 实施))
(w (w 。))))
(ROOT (IP (NP-SBJ (m 2010) (q 年) (m 11) (n 月) (m 30) (q 日) (n
省政府) (n 办公厅) (v 印发) (v 实施) (u 的) (w 《) (ns 安徽省) (n 安
全生产) (n 事故) (n 灾难) (vn 应急) (Vg 预) (Ng 案) (w 》) (w （) (j
皖) (j 政) (j 办) (j 秘) (w 〔) (m 2010) (w 〕) (m 160) (q 号) (w
))) (VP-PRD (NULL-MOD (c 同时)) (VP-PRD (v 废止))) (w (w 。))))
(ROOT (IP (NP-HLP (ns 安徽省) (n 人民) (n 政府) (n 办公厅))))
(ROOT (IP (NP-HLP (m 2021) (q 年) (m 2) (n 月) (m 6) (q 日))))
(ROOT (IP (NP-HLP (ns 安徽省) (v 生产) (an 安全) (n 事故) (vn 应急)
(Vg 预) (Ng 案))))

4. 转码

数据预处理第四步，即将语料文件转换为国标编码，并设置行号，语料最终将以"行号 句子"的格式存放在语料文件中。

BCC 语料库工具在索引阶段要求输入语料为国标编码，国标编码主要包括 GB 2312、GBK 和 GB 18030 共 3 种。其中，GB 2312 是第一个汉字编码国家标准，基本满足了计算机对汉字的处理需要，但对于人名、古汉语等罕用字，GB 2312 通常无法处理，为了满足现代汉语和古代汉语的语料应用要求，BCC 语料库一般使用 GBK 或者 GB 18030 编码，不仅能够满足单字节的 ASCII 编码表中字符的使用需求，同时能够对简体中文、繁体中文以及一些偏旁部首罕见字符进行有效编码。

另外，大部分中文字符、汉字都用双字节表示，相比于使用 Unicode 编码的 UTF-8 表示方式，在含有大量中文字符语料的处理及存储过程中，使用 GB 2312 国标编码将有效节省内存和磁盘空间，且便于 BCC 语料库工具对语料的高效操作处理。

在语料标注部分提到，BCC 语料库使用的自研分词和词性标注工具要求输入语料为国标编码，输出的结果文件也以国标编码保存，因此，基于该工具得到的标注语料无须转换编码方式，即可直接使用 BCC 语料库工具创建索引。但如果使用了其他分词和词性标注工具，则需要确保在索引前完成编码转换。

7.2　构建语料索引

索引可以看作一个将数据重新组织的过程，大规模语料的索引需要大量计算机硬件资源的支撑，因此，在启动索引程序之前，必须提前了解索引过程对设备资源的需求情况。

7.2.1　硬件基础

BCC 语料库索引阶段涉及的硬件资源主要有 CPU、硬盘以及内存 3 种。下文将以序列语料和组块结构树语料为例，分别介绍两类语料索引阶段的硬件要求。

BCC 语料库系统为了提升索引效率，在程序中设计了大量并发模块，实际运行时的并发数量通常可以在配置文件中指定。为了充分调用机器的 CPU 性能，同时避免过多的线程抢占资源，导致资源使用低效，应根据索引机器实际可用的 CPU 核心数合理设置并发数量，该数据通常控制在逻辑处理器数以内。

索引的本质是用空间来换取时间，通常，索引规模要比原始数据规模大。

因此，语料索引前，需要在硬盘上预留出足够的空间用于存放索引数据，以免在索引过程中硬盘爆满，导致机器卡顿甚至损坏。分词和词性标注语料的输入语料规模与索引数据规模比例如图 7-3 所示。由图 7-3 可以看到，索引的规模和输入的语料规模比例大约为 3：1，这一数据意味着，在 BCC 语料库索引机制下，1GB 的分词和词性标注语料大约会生成 3GB 的索引数据。该比例会随着输入语料规模的增加有所减小，但总体不会有太大变化。因此，在对分词和词性标注语料进行索引之前，至少需要预备出语料规模 3 倍以上的空闲硬盘存储空间。组块结构树语料的输入语料规模与索引数据规模比例如图 7-4 所示。

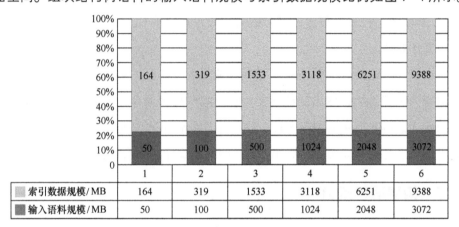

图 7-3　分词和词性标注语料的输入语料规模与索引数据规模比例

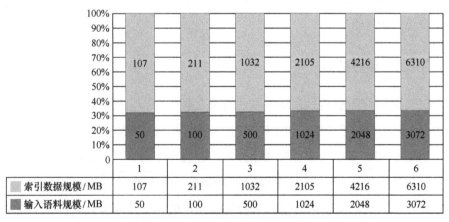

图 7-4　组块结构树语料的输入语料规模与索引数据规模比例

索引数据的规模和输入语料规模的比例大约为 2 : 1，因此，如果对这类语料构建 BCC 语料库索引，则至少需要预备出语料规模 2 倍以上的空闲硬盘存储空间。

　　一般情况下，内存访问速度要比硬盘快得多。BCC 语料库系统为了提升索引效率，将大量要参与计算的数据和中间结果直接存放在内存中，以便能够快速读取。由于使用了并发，所以线程越多对内存需求越大，致使索引阶段对内存空间的需求要远大于硬盘。分词和词性标注语料索引时的内存占用峰值与输入语料规模比例如图 7-5 所示。由图 7-5 可知，当语料规模达到 2GB 时，内存占用峰值是语料规模的 6.3 倍左右。随着语料规模的增加，该比例会缓慢减小。由此可知，对 2GB 以上的分词和词性标注语料索引前，预备出语料规模 6.3 倍以上的空闲内存空间是比较合理的。而对 2GB 以下的分词和词性标注语料索引前，可能需要准备语料规模 10 倍以上的内存空间。组块结构树语料索引时的内存占用峰值与输入语料规模比例如图 7-6 所示。由图 7-6 可知，组块结构树语料索引过程的内存占比总体上低于分词和词性标注语料。由于 BCC 语料库系统对结构树语料的索引做了大量优化，以更为合理的计算结构、数据调度方式实现了结构树索引的功能，所以能够支持单机百 GB 规模结构树语料的索引创建。

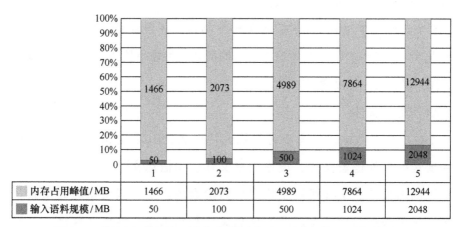

图 7-5　分词和词性标注语料索引时的内存占用峰值与输入语料规模比例

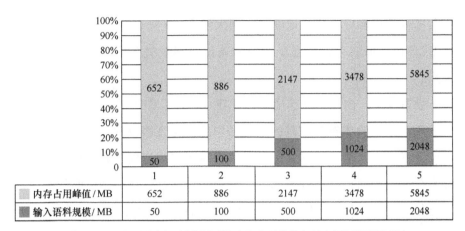

	1	2	3	4	5
内存占用峰值 / MB	652	886	2147	3478	5845
输入语料规模 / MB	50	100	500	1024	2048

图 7-6　组块结构树语料索引时的内存占用峰值与输入语料规模比例

7.2.2　预备文件

BCC 语料库索引阶段需要的文件包括语料文件、元数据文件、语料列表文件及配置文件 4 种。

1. 语料文件

语料文件就是 7.2.1 小节提到的正文数据文件，存放了语料的正文内容。语料形态可以是未经标注的生语料、分词和词性标注语料、句法结构树语料。语料以"行号 句子"的格式存放在该类文件中。

单个语料文件大小应尽量控制在 5GB 以内，如果索引设备的 CPU 性能较好且内存空间充足，则可以考虑将语料均衡切分为较小的语料文件，以便使用多线程并发索引，提高索引效率。

2. 元数据文件

元数据是对数据及信息资源的描述性信息，BCC 语料库中的元数据文件主要包括出处信息文件、属性信息文件、句信息文件 3 类。其中，带时间标记的出处信息文件可用于构建历时检索的索引，以支持历时检索及在检索结果中添加出处信息。属性信息文件和句信息文件作为整体，一起用于构建条件索引，以支持在检索时使用属性信息及位置信息对查询对象进行限定。

3. 语料列表文件

语料列表文件存放的是待索引的语料文件列表。该文件中的语料文件路径应使用正斜杠 "/" 作为切分方式，示例如下。

```
用正斜杠"/"书写文件路径：e:/corpus/data.txt
而不应写成反斜杠"\"书写文件路径：e:\corpus\data.txt
```

以反斜杠 "\" 作为路径分割符，极有可能导致程序无法准确获取到指定文件，这一问题主要来自字符串解析。例如，在 C 语言的程序中，反斜杠 "\" 会把紧跟在它后面的字符（通常是字母）结合起来转义为其他符号。"e:\corpus\data1" 这样的字符串交给 C 语言的编译器编译，实际写入内存的字符串可能并不包含反斜杠 "\"，甚至紧跟其后的字符也被一起转义，程序读取该字符串后调取文件就会出现问题。字符串解析不仅存在于 C 语言的编译器，Java 编译器、一些配置文件的解析、Web 服务器等都会遇到此类问题。

传统的 Windows 系统采用单个反斜杠的路径分割方式，导致文件路径解析时可能出错，因此，产生了用双反斜杠 "\\" 分割路径的形式。这种方式无论解析引擎是否将反斜杠 "\" 解析为转义字符，最终在内存中得到的都是反斜杠 "\"。而在 Linux 系统中一般都使用正斜杠 "/" 来表示文件路径。因此，为了避免出错，建议尽量使用正斜杠 "/" 书写文件路径，也便于 "语料列表文件" 在 Windows 系统和 Linux 系统之间迁移使用。

4. 配置文件

配置文件主要用于指定索引过程中所需的一些输入文件名及索引生成的各类输出文件名，还包括一些索引设置。例如，建立索引过程中最多可以使用的线程数，用于存放索引单元的哈希表的长度等。以下是 BCC 配置文件中的主要配置项示例。其中，/* */ 之间表示多行注释。

```
{
    /*启动服务时是否预加载索引数据 */
    "IsFast":"No",
/*指定语料的语种是汉语还是英语、法语等词语之间具有空格分割的语言 */
    "Language":"Chinese",
    "FileInfo":
    {
 /*索引后生成的出处文件 */
```

```
        "OrgDat":"Org.dat",
/*索引偏移量文件名 */
        "Offset":"offset",
/*索引单元文件 */
        "Unit":"IdxUnit.dat",
/*语料文件名 */
        "Data":"Corpus",
/*语料词表文件 */
        "WordList":"DatWord.dat",
/*外部词表文件 */
        "CatTable":"CatTable.txt",
/*使用Save API生成的结果文件的默认存放路径 */
        "SavePath":"UserData",
/*句信息索引文件 */
        "SentInfo":"SentInfo.dat",
/*属性信息文件 */
        "DocInfo":"DocInfo.txt"
    },
    "SizeInfo":
    {
        /*ThreadNum_Count是对输入语料列表分割的份数，默认是40，一份语
        料用一个线程处理，索引时同时启动所有线程，做单词和索引计数*/
        "ThreadNum_Count":20,

        /*ThreadNum_Offset是对输入语料列表分割的份数，默认是10，一份语料
        用一个线程处理，同时启动ThreadNum_Offset个线程，生成语料的索引数
        据文件和Offset缓存数据，当索引大语料时，该值设置得要小一些。当索引小
        语料时，可以等于ThreadNum_Count，同时启动全部线程。  */
        "ThreadNum_Offset":10,

            /*按照索引单元的统计结果，对整个Offset文件进行划分，其中，一份
            offset文件最大文件大小为MaxOffsetFileSize，最多生成的文件
            数不超过255。  */
        "MaxOffsetFileSize":"1024000000",

        /*一个索引单元对一个线程，同时启动ThreadNum_Sort个线程进行索引
        单元的offset排序*/
        "ThreadNum_Sort":100,

        /*一个原子查询对应一个线程，当对复合原子进行查询时，同时启动Thread
        Num_AS个线程进行原子查询*/
        "ThreadNum_AS":50,

        /*索引单元hash表的单元个数*/
```

```
    "HashSize_IdxUnit":1024000,

    /*单词hash表的单元个数*/
    "HashSize_WordList":10240000,

    /*当进行复合查询时，位标记的个数*/
    "HashTagSize_Merge":10240000,

    /*当进行复合查询时，返回的原子查询结果的最大个数*/
    "MaxAtomSearchRetSize":1024000,

    /*当进行复杂查询时，返回结果的最大个数*/
    "RetInfoMaxSize":10240000,

    /*存放结果的缓存大小*/
    "RetBuffSize":1024000,

    /*索引单元的Offset进内存的最大数目*/
    "MaxMemCount":"6400000000",

    /*索引单元的Offset进内存的数目大于MaxMemCount时，一次性释放offset
    的数目*/
    "ToFreeMemCount":"1600000000",

    /*offset排序时，同时进入内存进行offset单元排序的最大数目*/
    "MaxUnitCount_ToSort":"5000000",

    /*当进行原子查询时，最大查找的offset单元数目，当进行抽样式查询使用时*/
    "MaxUnitCount_ToSearch":"100000000",

    /*Offset排序时，后缀串的个数*/
    "SortCompWordLen":10,

    /*Offset排序时，后缀串的最小个数*/
    "MinIdxUnitCount_ForComplexIdx":0,
    /*句信息哈希表的单元个数*/
    "HashSize_SentInfo":"10000000",
},
/*小句标点符号*/
"Clause Seperator":
[
    "。",
    "？",
    "！",
```

```
            "......",
            ";",
            "?",
            "!",
            ",",
            ":",
            ","
        ],

        /*整句标点符号*/
        "Sentence Seperator":
        [
            "。",
            "? ",
            "! ",
            "......",
            "; ",
            "?",
            "!"
        ],
        /*索引数据预加载进内存的索引单元类型*/
        "Cache":
        {
            "POS_R":[
            ],
            "POS_L":[
            ],
            "HZ_R":[

            ],
            "HZ_L":[
            ],
            "MR":[
            ],
            "ML":[
            ]
        }
}
```

当使用 BCC 语料库工具进行语料索引、启动语料库服务时，用户需根据自身设备情况调整配置文件参数。

7.2.3　构建索引

BCC 语料库的构建索引分为两个阶段：第一阶段是构建语料索引；第二阶段是构建条件索引。本小节仍以 7.1.2 小节公文示例中的数据集为例，详细介绍 BCC 语料库的构建索引过程。

1．构建语料索引

构建语料索引主要是对语料内容和出处信息创建索引，以支持除了涉及属性信息约束的条件检索的检索功能，例如，字检索、词检索、属性标记检索（词性检索、句法功能标记检索等）、组合检索和历时检索等。语料索引需准备的文件包括配置文件、出处信息文件、语料列表文件以及语料正文文件；另外，还包括 BCC 语料库工具。语料索引的命令示例如下。

```
>BCC.exe -idx Config_file Org_file filelist idx_path
```

上述示例中的具体命令含义如下。

（1）BCC.exe

BCC.exe 是指 BCC 语料库工具。

（2）–idx

–idx 意为指定服务类型为构建语料索引。

（3）Config_file

Config_file 是指配置文件。

（4）Org_file

Org_file 是指出处信息文件。

（5）filelist

filelist 是指语料列表文件。

（6）idx_path

idx_path 是指索引输出目录（不需要手动创建，如果目录已存在，则将覆盖目录内容）。

针对示例数据的分词和词性标注语料、句法结构树语料分别构建"语料索引"。对于同一份原始语料，无论是索引其序列形态还是树结构形态，元数据文件（出处信息文件、属性信息文件、句信息文件）的内容没有差别，使用同一份即可。

索引前的工作目录如图 7-7 所示。

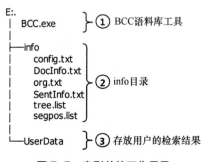

图 7-7　索引前的工作目录

图 7-7 中索引前的工作目录主要包括以下 3 个部分内容。

一是"BCC.exe"即 BCC 语料库工具，用于 BCC 语料库的索引和检索。

二是 info 目录，用于存放索引所需的元数据文件，以便统一管理。其中，"config.txt"是配置文件；"DocInfo.txt"是示例数据的属性信息文件；"org.txt"是出处信息文件；"SentInfo.txt"是句信息文件；"tree.list"是句法结构树语料文件的列表文件；"segpos.list"是分词和词性标注语料文件的列表文件。

三是"UserData"目录用于存放用户的检索结果，即当检索用户使用"Save" API 生成结果文件时，结果文件被存放于该目录下。以上目录名及文件名用户均可自行修改，此处仅给出示例，需要注意的是，部分名称在配置文件中也有指定，注意保持一致。

分词和词性标注语料构建语料索引的命令如下。

```
>BCC.exe -idx info/config.txt info/org.txt info/segpos.list idx_segposGW.
```

分词和词性标注语料构建语料索引过程信息如图 7-8 所示。

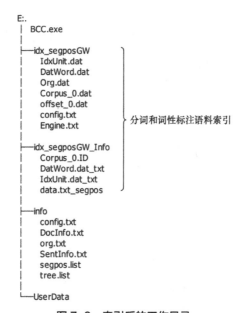

图 7-8　分词和词性标注语料构建语料索引过程信息

索引后的工作目录如图 7-9 所示。由图 7-9 可知，工作目录下新增了"idx_segposGW"和"idx_segposGW_Info"两个子目录，即分词和词性标注语料在"语料索引"阶段生成的索引数据。利用"idx_segposGW"下的索引数据，BCC 语料库工具即可实现除了条件检索的检索功能，这些检索功能具体包括字检索、词串检索、词性检索及其组合检索。

```
E:.
|  BCC.exe
|
├──idx_segposGW
|     IdxUnit.dat
|     DatWord.dat
|     Org.dat                         ┐
|     Corpus_0.dat
|     offset_0.dat
|     config.txt
|     Engine.txt
|                                     ├ 分词和词性标注语料索引
├──idx_segposGW_Info
|     Corpus_0.ID
|     DatWord.dat_txt
|     IdxUnit.dat_txt
|     data.txt_segpos                 ┘
|
├──info
|     config.txt
|     DocInfo.txt
|     org.txt
|     SentInfo.txt
|     segpos.list
|     tree.list
|
└──UserData
```

图 7-9　索引后的工作目录

句法结构树语料构建语料索引的命令如下。

```
>BCC.exe -idx info/config.txt info/org.txt info/tree.list idx_treeGW
```

句法结构树语料索引的过程信息如图 7-10 所示。

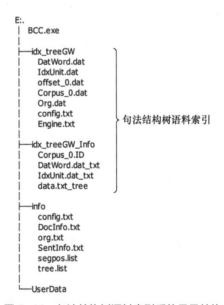

图 7-10　句法结构树语料索引的过程信息

句法结构树语料索引后的目录结构如图 7-11 所示。由图 7-11 可知，该目录下新增了两个子目录，即 "idx_treeGW" 和 "idx_treeGW_Info"，得到的索引数据文件、分词和词性标注语料生成的索引数据文件基本相同，但二者的文件内容不同。同样，基于 "idx_treeGW" 下的索引数据，BCC 语料库即可实现除了条件检索的检索功能，这些检索功能具体包括字检索、词串检索、词性检索、属性标记检索及其组合检索。

```
E:.
|  BCC.exe
|
├─idx_treeGW
|    DatWord.dat
|    IdxUnit.dat
|    offset_0.dat        ┐
|    Corpus_0.dat        │
|    Org.dat             ├ 句法结构树语料索引
|    config.txt          │
|    Engine.txt          │
|                        │
├─idx_treeGW_Info        │
|    Corpus_0.ID         │
|    DatWord.dat_txt      │
|    IdxUnit.dat_txt      │
|    data.txt_tree       ┘
|
├─info
|    config.txt
|    DocInfo.txt
|    org.txt
|    SentInfo.txt
|    segpos.list
|    tree.list
|
└─UserData
```

图 7-11　句法结构树语料索引后的目录结构

2. 构建条件索引

构建条件索引是为了支持条件检索而对语料的属性信息、句信息构建的索引。

BCC 语料库条件索引需要用到语料索引阶段生成的"句偏移与句子行号的对应关系"文件，即上述"idx_segposGW_Info"和"idx_treeGW_Info"目录下的"Corpus_0.ID"文件。当索引的语料文件数量多于 1 且使用了多线程时，该类文件可能有多个，文件名形如 Corpus_0.ID、Corpus_1.ID、……、Corpus_*n*.ID，这里 *n* 的大小与输入的语料文件个数及配置文件中设置的"ThreadNum_Count"参数有关。由于示例中仅有 1 个语料文件，所以只生成了"Corpus_0.ID"。当有多个"Corpus_*x*.ID"文件时，需要将其按顺序合并为一个文件以作为条件索引的输入，因此，条件索引必须在语料索引完成后进行。

条件索引需准备的文件包括配置文件、句信息文件、属性信息文件、"句偏移与句子行号的对应关系"文件以及 BCC 语料库工具。其中，属性信息文件（示例中的"DocInfo.txt"文件）在创建条件索引之前需要提前复制到"idx_segposGW"及"idx_treeGW"目录下。

条件索引命令示例如下。

```
>BCC.exe -idxinfo CorpusID_file SentInfo idxfile
```

上述示例中的命令的具体含义如下。

（1）BCC.exe

BCC.exe 是指 BCC 语料库工具。

（2）-idxinfo

-idxinfo 意为指定服务类型为构建条件索引。

（3）CorpusID_file

CorpusID_file 是指句偏移与句子行号的对应关系文件。

（4）SentInfo

SentInfo 是指句信息文件。

（5）idxfile

idxfile 是指条件索引生成的索引文件，应与配置文件"SentInfo"配置项指定的文件名保持一致,一般写为"SentInfo.dat"。

分词和词性标注语料构建条件索引的命令如下。

```
>BCC.exe -idxinfo idx_segposGW_info/Corpus_0.ID info/Sentinfo.txt
idx_segposGW/Sentinfo.dat
```

运行以上命令启动条件索引,提示"IdxInfo end!"表示条件索引完成。索引成功后,会在"idx_segposGW"目录下生成"Sentinfo.dat"索引文件。此时,基于"idx_segposGW"下的索引数据,BCC 语料库检索引擎即可实现为分词和词性标注语料设计的所有检索功能。分词和词性标注语料条件索引过程信息如图 7-12 所示。

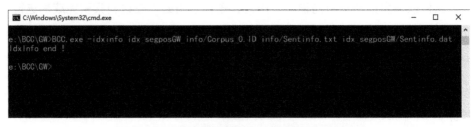

图 7-12　分词和词性标注语料条件索引过程信息

句法结构树语料构建条件索引的命令如下。

```
> BCC.exe -idxinfo idx_treeGW_info/Corpus_0.ID info/Sentinfo.txt
idx_treeGW/Sentinfo.dat
```

句法结构树语料条件索引过程信息如图 7-13 所示。索引成功后,"idx_treeGW"目录下同样会生成"Sentinfo.dat"索引文件。

图 7-13　句法结构树语料条件索引过程信息

至此,针对示例数据、分词和词性标注语料、句法结构树语料的索引均构建完成,在此基础上启动语料库服务,即可支持 BCC 语料库工具提供的所有检索功能。最终工作目录的结构如图 7-14 所示。

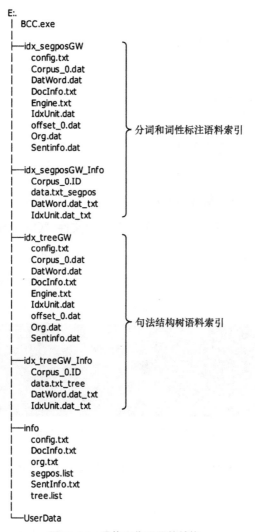

```
E:.
│   BCC.exe
│
├──idx_segposGW
│       config.txt
│       Corpus_0.dat
│       DatWord.dat
│       DocInfo.txt
│       Engine.txt
│       IdxUnit.dat
│       offset_0.dat
│       Org.dat
│       Sentinfo.dat
│
├──idx_segposGW_Info
│       Corpus_0.ID
│       data.txt_segpos
│       DatWord.dat_txt
│       IdxUnit.dat_txt
│
├──idx_treeGW
│       config.txt
│       Corpus_0.dat
│       DatWord.dat
│       DocInfo.txt
│       Engine.txt
│       IdxUnit.dat
│       offset_0.dat
│       Org.dat
│       Sentinfo.dat
│
├──idx_treeGW_Info
│       Corpus_0.ID
│       data.txt_tree
│       DatWord.dat_txt
│       IdxUnit.dat_txt
│
├──info
│       config.txt
│       DocInfo.txt
│       org.txt
│       segpos.list
│       SentInfo.txt
│       tree.list
│
└──UserData
```

分词和词性标注语料索引

句法结构树语料索引

图 7-14　最终工作目录的结构

3. 导出历时区间

语料索引完成后，会生成一个有关出处信息索引的索引文件"Org.dat"（位于示例中的"idx_segposGW"和"idx_treeGW"文件夹下），历时检索及语料区间限制检索（AddLimit）使用的区间信息需要从该文件中导出，BCC 语料库工具提供了从该文件中导出区间编码的功能，导出命令示例如下。

```
>BCC.exe -org Org.dat Org.out
```

上述示例中的命令的具体含义如下。

（1）BCC.exe

BCC.exe 是指 BCC 内核引擎工具。

（2）-org

-org 意为指定服务类型为导出区间信息。

（3）Org.dat

Org.dat 是指出处信息索引文件。

（4）Org.out

Org.out 是指出处信息导出文件。

以"idx_treeGW"目录下的出处信息索引文件"Org.dat"导出为例，运行以下命令，导出出处信息索引文件过程如图 7-15 所示。

```
>BCC.exe -org idx_treeGW/Org.dat  idx_treeGW/Org.out
```

图 7-15　导出出处信息索引文件过程

导出成功后，"idx_treeGW"目录下会生成一个"Org.out"文件，该文件内容示例如下。

```
#0 8384
I:安徽省人民政府办公厅/安徽省人民政府办公厅关于印发安徽省生产安全事故应急预
案的通知 Y:2021
#1 8699
I:安徽省人民政府办公厅/安徽省人民政府关于同意设立北沿江高速公路滁州至马鞍山
段全椒东收费站的批复 Y:2021
#2 16060
I:安徽省人民政府办公厅/安徽省人民政府办公厅关于印发安徽省突发环境事件应急预
案的通知 Y:2021
#3 17581
I:安徽省人民政府办公厅/安徽省人民政府办公厅关于贯彻落实国务院进一步提高上市
公司质量意见有关事项的通知 Y:2021
#4 19635
```

```
I:安徽省人民政府办公厅/安徽省人民政府办公厅关于印发全面推行证明事项告知承诺
制实施方案的通知 Y:2021
#5 22108
I:安徽省人民政府办公厅/安徽省人民政府办公厅关于全省开发区标准地改革的指导意
见 Y:2020
#6 29519
I:安徽省人民政府办公厅/安徽省人民政府办公厅关于印发安徽省加快推进政务服务跨
省通办工作方案的通知 Y:2020
```

其中，以 # 为首的行，第一列表示文档 ID，第二列即为该文档在索引数据中的语料区间编码，也就是用户在调用 AddLimit 函数进行区间限制检索时使用的参数区间。例如，ID 为 0 的文档，它的语料区间为 0 ~ 8384；ID 为 1 的文档，它的语料区间为 8385 ~ 8699，如果用户想将检索区间限制在 ID 为 0 的文档内查询，则将语料区间限制函数写成"AddLimit(0，8384)"即可。当然，该区间也可以跨越多个文档，如果用户希望在所有 2021 年公布的文档数据中查询，则只要将区间限制函数书写为"AddLimit(0，19635)"即可达到条件约束的目的。

7.3　语料库使用

本小节主要从启动语料库网络服务、使用语料库网络服务和离线使用语料库 3 个方面来介绍语料库的使用。

7.3.1　启动语料库网络服务

基于构建的索引数据，只要借助 BCC 语料库工具，就可以启动语料库网络服务，用以支持网络间不同用户端对语料库的检索访问。

使用 BCC 语料库工具启动语料库网络服务的命令示例如下。

```
>BCC.exe -http port idx_path
```

上述示例中的命令的具体含义如下。

① BCC.exe

BCC.exe 是指 BCC 语料库工具。

② –http

–http 意为指定服务类型为启动 http 网络服务。

③ port

port 是指网络服务端口号。

④ idx_path

idx_path 是指待启动的索引数据目录名。

以 7.2.3 小节构建的句法结构树语料索引为例，启动对应的语料库服务具
体命令如下。

```
>BCC.exe -http 8001 idx_treeGW
```

该命令表示基于"idx_treeGW"下的索引数据，启动端口为"8001"的语
料库服务，用户端即可通过访问服务端的对应端口查询该语料库。语料库服务
启动成功界面示意如图 7-16 所示，当出现"BCC Engine(8001)"字样时，表
示语料库服务启动成功。

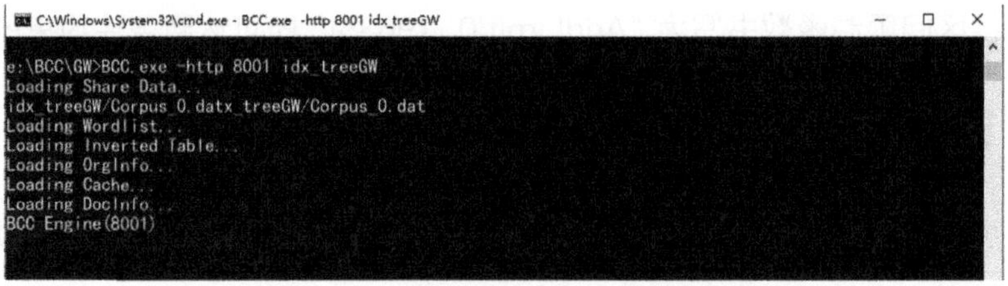

图 7-16　语料库服务启动成功界面示意

7.3.2　使用语料库网络服务

启动语料库网络服务成功后，用户即可通过网络交互的方式使用语料库。
用户端向服务端监听的端口发起检索请求，建立传输控制协议（Transmission
Control Protocol，TCP）连接。TCP 连接一旦建立，语料库服务端就可以拿到
请求参数，完成检索过程，将检索结果通过网络返回给用户或保存到服务端的
用户数据目录下（UserData）。

市面上能够发送 http 请求的方法和工具不少，本小节主要介绍 3 种通过网
络使用语料库的方式：命令行检索、自定义用户端脚本检索以及网页用户界面
（User Interface，UI）检索。其中，命令行检索和自定义用户端脚本检索都需

要直接调用BCC语料库工具提供的Web API,涉及检索的Web API有以下两个。

① "/runlua" 接口

该接口执行检索脚本中的所有查询需求。

② "/runfunc" 接口

该接口会携带两个参数,"func=" 参数用于指定待执行的 lua 函数（不同的检索需求写在不同的 lua 函数中）,"param="用于指定待执行 lua 函数的参数,可默认写为 "param=null",但不可不写。因此,接口 "/runfunc" 会根据参数,只执行指定的 lua 函数内部的查询需求。

1. 命令行检索

命令行检索是指通过终端使用命令行与语料库服务进行交互来完成检索。这一目标的实现通常需要借用一些命令行工具,例如,wget、Curl 等。这些工具能够支持 http、https 等传输协议,利用 URL 语法在命令行下完成网络数据传输。本小节以 Curl 为例,介绍该工具实现语料库检索的具体用法。

Curl 向 BCC 语料库工具启动语料库网络服务发送检索请求需要指定以下 3 个参数。

（1）"-X"

该参数用于指定请求方式为 POST。

（2）"-d"

该参数用于提交 POST 请求的数据体,即检索脚本。

（3）"URL"

该参数用于指定语料库服务所在的主机、服务端口以及调用的接口。

其中,检索脚本的内容往往较长,直接写在命令中很不方便,而且容易出错,因此,可以预先将脚本保存为文件,通过 "-d @filename" 的方式向 BCC 语料库服务直接提交脚本文件作为请求参数。

使用 Curl 工具实现命令行检索的命令如下。

```
>Curl URL -X POST -d @filename
```

以检索 7.3 小节启动语料库网络服务为例,本小节实验时使用的检索行为和 BCC 语料库服务出于同一台机器，因此，这里使用的 IP 为"localhost"，也可以写成"127.0.0.1"，服务端口为"8001"，调用的 Web API 是"/runlua"，检索示例脚本名为"script.lua"，具体命令如下。

```
>Curl localhost:8001/runlua -X POST -d @script.lua > result_dir/
result.txt
```

如果使用 Curl 工具获取到的返回结果直接在终端打印，则中文字符可能会出现显式乱码，因此，这里在命令的最后加入"> result_dir/result.txt"，用于将检索结果重定向输出到"result.txt"文件中，以此来避免乱码显示。使用 Curl 工具实现命令行检索过程如图 7-17 所示。

图 7-17　使用 Curl 工具实现命令行检索过程

2. 自定义用户端脚本检索

除了利用已有的网络数据传输工具，具有编程经验的人也可以借助程序设计语言编写程序代码来实现网络数据传输。大部分程序设计语言拥有自身的网络库或可支持第三方网络库，利用这些网络提供的方法，创建网络请求，与网络服务端完成数据交互。本小节以 Perl 和 Python 两种脚本语言为例，分别利用 Perl 支持的 LWP 库（Library for WWW in Perl 的英文缩写，一般认为是Perl 语言的 WWW 库）提供的方法和 Python 的 Requests（请求）库提供的方法，编写网络请求程序来检索语料库服务。

（1）Perl

Perl 脚本语言调用"/runlua"接口检索 BCC 语料库，示例代码文件"perlscript_runlua.pl"内容如下。

```
$LUA = <<AS;
Condition("date=2021-02-22")
Handle=GetAS("\$VP-PRD", "", "", "", "", "", "", "", "", "")
```

```
Handle=Freq(Handle)
Output(Handle, 1000)
AS

open(OUT,  ">result_dir/result.txt") or die "result_dir/result.
txt 文件无法打开, $!";

use LWP::UserAgent;
my $ua = LWP:UserAgent->new();
my $req = http:Request->new(POST => 'http://localhost:8001/
runlua');
$req->content("$LUA");
$req->content_type("application/x-www-form-urlencoded");
my $rp = $ua->request($req);
print OUT $rp->content;
close(OUT) || die "无法关闭文件"
```

在上述代码中，"AS;" 和 "AS" 之间是检索脚本（检索表达式），加上前面的 "= <<"，就相当于将整个检索脚本串直接赋值给变量 "$LUA"，而不需要对检索脚本中出现的双引号转义。需要注意的是，检索脚本串内部的符号 "$" 前使用了转义符号 "\"，这是由于符号 "$" 是 Perl 语言标量的前缀标识，属于保留字符。与此同时，该符号也是 BCC 语料库编程语言的保留字符，是属性标记类检索单元的前缀标识，例如，"$NP-SBJ"。因此，为了防止 Perl 解释器将 BCC 语料库的检索单元当作 Perl 变量处理，非 Perl 变量标识的符号 "$" 前都需加上转义字符 "\"。

在已安装 Perl 脚本解释器的计算机上运行以上脚本文件，检索语料库，命令如下。

```
>perl perlscript_runlua.pl
```

脚本文件运行结束后，检索结果将被保存到 "result_dir/result.txt" 文件中，检索结果文件部分内容如下。

```
推进  81
实施  72
组织  70
开展  56
协调  49
加强  49
指导  37
```

```
建设 30
深化 30
建立 30
加快 30
发展 27
推动 26
```

该脚本用于检索统计公布日期为 2021 年 2 月 22 日的语料中，谓词性述语组块的实例及其频次信息。

Perl 程序调用 "/runfunc" 接口检索语料库，示例代码文件 "perlscript_runfunc.pl" 内容如下。

```
1  if($ARGV[0]){
2    $FuncName = $ARGV[0];
3  }else{
4    $FuncName = "Func0";
5  }
6  if($ARGV){
7    $Param = $ARGV;
8  }else{
9    $Param = "null";
10 }
11
12
13 $LUA = <<AS;
14   function Func0()
15     LogOn()
16     Condition("beg(\$Q)=[做好 开展];industry=城乡建设、环境保护")
17     Handle0=GetAS("\$VP-PRD", "", "", "", "", "", "", "", "", "")
18     Handle1=GetAS("\$NP-OBJ_作", "工作", "", "", "", "", "", "", "", "")
19     Handle=JoinAS(Handle0, Handle1, "Link")
20     Handle=Context(Handle, 0, 100)
21     Output(Handle, 100)
22   end
23   function Func1(param)
24     Condition("Pos=title")
25     Handle=GetAS("|"……param, "", "", "", "", "", "", "", "", "")
26     Handle=Freq(Handle)
27     Output(Handle, 10)
28   end
29   function Func2(param)
30     AddLimit(0, 19635)
31     AddLimit(1057546, 1204550)
```

```
32    Handle0=GetAS("|"……param, "", "", "", "", "", "", "", "", "")
33    Handle=Count(Handle0)
34    Output(Handle, 100)
35  end
36 AS
```

```
open(OUT,  ">result_dir/result.txt") or die "result_dir/result.txt
文件无法打开, $!";
use LWPUserAgent;
my $ua = LWPUserAgent->new();
my $req = httpRequest->new(POST =>
"http://localhost:8001/runfunc?func=".$FuncName."&param=".$Param);
$req->content("$LUA");
$req->content_type("application/x-www-form-urlencoded");
my $rp = $ua->request($req);
print OUT $rp->content;
close(OUT) || die "无法关闭文件";
```

上述代码的第 13 行至第 36 行之间包含了 3 个 Lua 函数，这 3 个 Lua 函数名分别为：“Func0”“Func1”和“Func2”。该代码在运行时需要给出“/runfunc”接口所需的两个参数：“func”和“param”。这两个参数分别通过“$ARGV[0]”和“$ARGV”从运行命令传入。其中，3 个 Lua 函数名可以作为“$ARGV[0]”传给“func”参数的内容，用于告知 BCC 语料库工具将要检索哪个 Lua 函数下的需求，“$ARGV”则传给“param”参数，用于为 Lua 函数指定形参。

运行命令示例如下。

```
>perl perlscript_runfunc.pl Func1 v
```

以上命令表示将 Lua 函数“Func1”指定为待检索函数，词性标记“v”作为“Func1”函数的形参。此时，函数内的检索脚本表示在所有文档的“title”（标题）内检索动词，并返回频次前 10 的动词实例及其频次信息。检索结果如下。

```
印发 213
办 130
发 123
推进 76
实施 71
发展 64
加快 61
转发 56
同意 51
```

促进 44

向语料库服务发送检索请求的 Perl 程序代码都应以国标码（GB 2312 或 GBK 或 GB 18030）保存。

（2）Python

Python 脚本语言调用 "/runlua" 接口检索语料库，示例代码文件 "pythonscript_runlua.py" 如下。

```
1  # -*- coding: utf-8 -*-
2  import requests
3  import argparse
4
5
6  def get_args_parser():
7      parser = argparse.ArgumentParser(description="检索BCC语料库")
8  parser.add_argument("-u", "--url", default="localhost:8001",
9      type=str, help="访问地址url")
10     return parser.parse_args()
11
12 def runlua(url):
13     content="""
14     Handle=GetAS("|n_通", "通知", "", "", "", "")
15     Handle=Freq(Handle)
16     Output(Handle, 10)
17     """
18     headers = {"Content-Type":"application/x-www-form-urlencoded"}
19     r = requests.post("http://"+url+"/runlua", content.
20         encode("gbk'), headers = headers)
21     return r.content
22
23 if __name__ == "__main__":
24     args = get_args_parser()
25     print(args)
26     ret = runlua(args.url)
27     with open("result_dir/result.txt", "wb") as fOut:
28         fOut.write(ret)
```

上述代码的第 12 行至第 16 行是检索脚本内容，表示的是检索名词后紧邻出现 "通知" 的语言片段，并返回频次排序前 10 的实例及其统计频次。该检索脚本串赋值给 Python 的 content 变量，并在发送 POST 请求时，将该变量指向的字符串转换为 GBK 编码后发送至服务端。

以上程序的运行命令如下（运行机器需提前安装好 Python 解释器）。

```
>python pythonscript_runlua.py -u localhost:8001
```

上述代码中，"–u"参数用于指定 BCC 语料库服务的 IP 和端口，如果不指定，则默认使用"localhost:8001"，检索结果如下。

```
事项通知 28
名单通知 25
事宜通知 16
措施通知 7
会议通知 6
形式通知 5
问题通知 4
情况通知 4
部门通知 4
结果通知 2
```

Python 调用"/runfunc"接口检索语料库，示例代码文件"pythonscript_runfunc.py"内容如下。

```
1   -*- coding: utf-8 -*-
2  mport requests
3  mport argparse
4
5  ef get_args_parser():
6     parser = argparse.ArgumentParser(description="检索BCC语料库")
7     parser.add_argument("-f", "--funcname", default="Func0",
8     type=str, help="指定待执行的lua函数名")
9     parser.add_argument("-p", "--param", default="null",
10    type=str, help="指定lua函数的传入参数")
11    parser.add_argument("-u", "--url", default="localhost:8001",
12    type=str, help="访问地址url")
13    return parser.parse_args()
14
15 ef runfunc(url, FuncName, Param):
16    Content="""
17    function Func0()
18        LogOn()
19        Condition("beg($Q)=[做好 开展];industry=城乡建设、环境保护")
20        Handle0=GetAS("$VP-PRD", "", "", "", "", "", "", "", "", "")
21        Handle1=GetAS("$NP-OBJ_作", "工作", "", "", "", "", "", "", "", "")
22        Handle=JoinAS(Handle0, Handle1, "Link")
23        Handle=Context(Handle, 0, 100)
24        Output(Handle, 20)
25    end
```

```
26    function Func1(param)
27        Condition("Pos=title")
28        Handle=GetAS("|"……param, "", "", "", "", "", "", "", "", "")
29        Handle=Freq(Handle)
30        Output(Handle, 100)
31    end
32    function Func2(param)
33        AddLimit(0, 19635)
34        AddLimit(1057546, 1204550)
35        Handle0=GetAS("|"……param, "", "", "", "", "", "", "", "", "")
36        Handle=Count(Handle0)
37        Output(Handle, 100)
38    end
39    """
40
41    headers = {"Content-Type":"application/x-www-form-urlencoded"}
42  ·=
43  ·equests.post("http://"+url+"/runfunc?func="+FuncName+"&param="
44  ·Param,
45  :ontent.encode("gbk"),  headers = headers)
46        return r.content
47
48  .f __name__ == "__main__":
49      args = get_args_parser()
50      print(args)
51      ret = runfunc(args.url, args.funcname, args.param)
52      with open("result_dir/result.txt", "wb") as fOut:
53          fOut.write(ret)
```

上述代码的第 15 至第 38 行是检索脚本的内容，包括了 3 个 Lua 函数，封装了 3 个不同的检索需求。"/runfunc" 接口所需的参数可以在运行命令中指定，以 "–f" 参数指定待执行的 lua 函数，"–p" 指定 lua 函数需要的形参。

以上程序运行命令示例如下。

```
>python pythonscript_runfunc.py -u localhost:8001 -f Func2 -p v
```

命令中 "–u" 参数指定检索的 IP 和端口为 "localhost:8001"，待检索的 Lua 函数为 "Func2"，传入该函数的参数是词性标记 "v"。此时，"Func2" 下的检索脚本表示的是，首先设置两个检索区间约束，第一个区间内是 2021 年发布的语料，第二个区间内是 2019 年发布的语料，在这两个区间内检索动词 "v"，并分别返回在这两个区间内的动词实例及其统计频次，实现自定义语料区间的历时检索。检索结果如下。

> 组织_83；负责_74；发布_65；发生_64；要_61；可能_58；生产_57；有_57；承诺_51；
> 突发_51；告知_50；应对_47；应当_46；处置_43；做_43；造成_42；建立_41；制_39；
> 加强_38；事发_37；应_37；开展_36；实施_35；负_33；采取_31；响应_30；提供_30；
> 启动_29；进行_28；协调_27；提高_26；证明_26；确定_25；涉险_23；参与_22；
> 指导_22；疏散_22；落实_20；推行_20；可_20；需要_20；分级_20；受_19；
> 实行_18；指挥_17；为_17；转移_17；引发_17；牵头_17；组成_15；设立_15；相关_14；
> 控_14；健全_14；跨_14；相应_13；推进_13；督促_13；支援_13；支持_13；承担_13；
> 协助_13；制定_12；贯彻_12；通报_12；可以_12；到_12；设_12；死亡_11；消除_11；
> 提出_11；会同_11；维护_11；公布_11；包括_11；提升_11；安置_10；结束_10；
> 危害_10；要求_10；导致_10；完善_10；接_10；决定_10；参加_10；进入_10；
> 引导_10；危及_9；预计_9；强化_9；印发_9；是_9；扩大_9；上报_9；结合_9；见_9；
> 应急_9；请求_9；履行_9；共享_9 2315（检索结果的上半部分）
> 要_484；加强_443；开展_434；推进_377；落实_371；建立_362；实施_305；
> 负责_289；推动_267；完善_261；支持_231；组织_224；鼓励_221；加快_198；
> 利用_190；制定_188；做_175；有_170；实现_170；办_167；进行_165；引导_165；
> 发展_162；提高_159；加大_152；健全_152；促进_148；强化_144；确保_140；
> 提供_140；应当_137；发布_136；保_136；使用_128；纳入_127；提升_126；
> 符合_126；到_126；完成_121；用_120；为_120；牵头_119；可_116；发挥_116；
> 参与_116；结合_115；发_115；给予_112；同意_109；执行_107；控_102；入_102；
> 是_96；规范_93；划定_93；贯彻_93；坚持_90；形成_88；服务_88；解决_86；
> 建设_86；印发_86；扩大_85；探索_81；批复_81；应_80；要求_80；不得_76；管_74；
> 设立_73；采取_72；办理_72；确定_71；深化_70；推广_69；如下_68；优化_67；
> 调整_65；跨_63；降低_63；就业_63；提出_62；实行_62；防_62；研究_61；具有_61；
> 共享_61；协调_60；承担_60；修改_58；打造_58；送_57；指导_54；覆盖_52；出_51；
> 批准_51；助_50；照护_50；参加_49；相关_49 13026（检索结果的下半部分）

以上检索结果的上半部分是 2021 年语料中的动词实例及其频次，所有的动词总频次为 2315；检索结果的下半部分是 2019 年语料中的动词实例及其频次，所有的动词总频次为 13026。

7.3.3　离线使用语料库

除了通过网络访问，BCC 语料库工具还支持对语料库进行离线检索，离线检索需要准备索引数据、BCC 语料库工具、配置文件及检索脚本文件。

离线检索语料库的命令如下。

```
>BCC.exe -as config_file script_file idx_path
```

上述命令的具体含义如下。

（1）BCC.exe

BCC.exe 是指 BCC 语料库工具。

（2）-as

-as 意为指定服务类型为批量离线检索。

（3）config_file

config_file 是指配置文件。

（4）script

script 是指检索脚本文件。

（5）idx_path

idx_path 是指索引数据目录。

以离线检索 7.2.3 小节构建的句法结构树语料索引为例（"idx_treeGW"下的索引），检索命令具体示例如下。

```
>BCC.exe -as config.txt script/script.lua idx_treeGW
```

其中，"script/script.lua"是检索脚本文件，文件内容如下。

```
OriOn()
Condition("Pos=title;date=2021-02-22")
Handle=GetAS("|n", "", "", "", "", "", "", "", "", "")
Handle=Context(Handle, 5, 100)
Save(Handle, "offline.out")
```

上述脚本意在从 2021 年 2 月 22 日的语料文档的标题中检索"n"出现的情况，并打印每条结果的出处信息和属性信息。检索结果将离线保存到"offline.out"文件中，该文件会默认存放在"UserData"文件夹下。离线检索过程如图 7-18 所示。

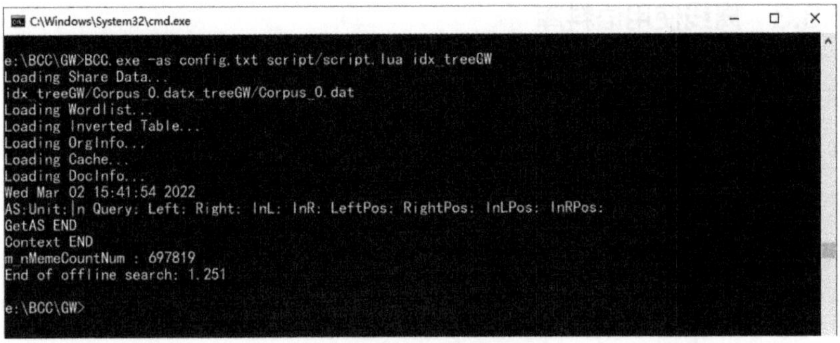

图 7-18　离线检索过程

检索结果文件的内容如下。

其中，每条结果实例前的小括号"( )"内是该实例所在文档的信息及该实例在文档中的位置信息，由于脚本中指定检索位置为"title"，所以所有返回实例的位置信息都是"Pos=title"。

```
(ID=315;Pos=title;category=批复;date=2021-02-
22;index=11220000013544357T/2021-00937;industry=城乡建设、环境
保护|批复;level1=外部资源;level2=各省市公文;number=吉政函〔2021〕15
号;publisher=吉林省人民政府;)_政府关于同意洮南经济<Q>开发区</Q>、白城洮
北经济
(ID=316;Pos=title;category=批复;date=2021-02-22;index=112200000
13544357T/2021-00936;industry=城乡建设、环境保护|批复;level1=外部资
源;level2=舆情数据;number=吉政函〔2021〕14号;publisher=吉林省人民政
府;)_政府关于同意东丰经济<Q>开发区</Q>、东辽经济开发区晋升
(ID=316;Pos=title;category=批复;date=2021-02-22;index=112200000
13544357T/2021-00936;industry=城乡建设、环境保护|批复;level1=外部资
源;level2=舆情数据;number=吉政函〔2021〕14号;publisher=吉林省人民政
府;)_经济开发区晋升为省级<Q>开发区</Q>的批复吉林省人民政府
(ID=314;Pos=title;category=批复;date=2021-02-22;index=112200000
13544357T/2021-00939;industry=城乡建设、环境保护|批复;level1=内部资
源;level2=政策法规;number=吉政函〔2021〕16号;publisher=吉林省人民政
府;)_经济开发区晋升为省级<Q>开发区</Q>的批复吉林省人民政府
(ID=315;Pos=title;category=批复;date=2021-02-22;index=112200000
13544357T/2021-00937;industry=城乡建设、环境保护|批复;level1=外部资
源;level2=各省市公文;number=吉政函〔2021〕15号;publisher=吉林省人民政
府;)_经济开发区晋升为省级<Q>开发区</Q>的批复吉林省人民政府
(ID=1;Pos=title;category=批复;date=2021-02-22;index=00298627-
2/202102-00019;industry=工业、交通;level1=内部资源;level2=公文策
略;number=皖政秘〔2021〕24号;publisher=安徽省人民政府办公厅;)_滁州至马
鞍山段全椒东<Q>收费站</Q>的批复省交通运输
(ID=248;Pos=title;category=批复;date=2021-02-22;index=00298627-
2/202102-00018;industry=工业、交通;level1=内部资源;level2=公文策
略;number=皖政秘〔2021〕22号;publisher=安徽省人民政府办公厅;)_芜湖长江三桥收
费<Q>事项</Q>的批复芜湖市人民政府
```

如果用户具有多个查询需求，则可以同时书写在一个检索脚本文件中，检索脚本文件示例如下。

```
OriOn()
Condition("Pos=title;date=2021-02-22")
Handle0=GetAS("|n", "", "", "", "", "", "", "", "", "")
Handle=Context(Handle0, 5, 100)
```

```
Save(Handle, "offline_n.out")
OriOn()
Condition("Pos=title;date=2021-02-22")
Handle0=GetAS("|v", "", "", "", "", "", "", "", "", "")
Handle=Context(Handle0, 5, 100)
Save(Handle, "offline_v.out")
OriOn()
Condition("Pos=title;date=2021-02-22")
Handle0=GetAS("|a", "", "", "", "", "", "", "", "", "")
Handle=Context(Handle0, 5, 100)
Save(Handle, "offline_a.out")

OriOn()
Condition("Pos=title;date=2021-02-22")
Handle0=GetAS("|d", "", "", "", "", "", "", "", "", "")
Handle=Context(Handle0, 5, 100)
Save(Handle, "offline_d.out")

OriOn()
Condition("Pos=title;date=2021-02-22")
Handle0=GetAS("|p", "", "", "", "", "", "", "", "", "")
Handle=Context(Handle0, 5, 100)
Save(Handle, "offline_p.out")
```

在以上检索脚本文件中，一个代码块是一个查询需求，不同查询需求的检索结果被保存到不同的结果文件中。使用离线检索命令调用该脚本文件，即可实现离线批量检索。

离线使用语料库适用于需要获取大规模检索结果的任务，离线检索的结果直接保存在本地，避免了数据网络传输带来的宽带消耗及时间消耗。但其缺点是，离线检索对本地机器的要求相对于网络访问语料库服务要高得多（语料库服务不在本地机器上），BCC 语料库工具将索引数据加载进内存，并完成检索。这一过程所需占用的内存占用会远大于索引数据的规模，且大规模批量的离线检索产生的结果文件也会在短时间内占用大量的硬盘存储空间。因此，如果用户语料规模达到数 GB 以上，则建议其使用服务器级的机器离线使用语料库。

第 8 章
BCC 语料库在线网站

8.1　概述

BCC 语料库在线网站可以为语言学本体的不同研究范式提供语料支撑，例如，共时与历时、描写与对比、实例与统计等。BCC 语料库在线网站支持的功能可以分为基础检索、历时检索、对比检索、自定义语料范围检索和词典查询功能 5 个部分。除了词典查询功能，其余功能均是基于序列语料（生语料、分词和词性标注）提供的检索功能。其中，自定义语料范围检索可以指定检索范围，即用户可以自己选择语料的来源，词典查询功能主要满足用户对词语的查询。

BCC 语料库在线网站借助 BCC 语料库交互式查询语言完成各种检索功能，在页面输入框中书写检索表达式，单击搜索即可返回结果。用户可以根据结果调整检索表达式，或使用网站提供的功能按钮，一步步明确检索意图，实现检索目标。

8.2　基础检索

基础检索是 BCC 语料库在线网站最基本、最实用的检索功能之一，主要服务于语言学本体的共时研究。用户只须将检索表达式输入 BCC 语料库在线网站的检索输入框，单击搜索，该网站就能返回匹配检索目标的结果实例。本小节主要介绍基础检索的使用方式与获得结果后可进行的结果处理操作，主要包括显示全文、统计分析、结果筛选、结果下载和高级设置 5 种。

8.2.1　检索步骤

基础检索包括选取语料范围与检索式查询两个步骤。

1. 选取语料范围

目前，BCC 语料库在线网站的输入框上方列出了可供选择的语料领域，具体包括多领域、文学、报刊、对话、篇章检索、古汉语等。用户在检索前可以先选取待搜索的语料领域，接下来的搜索行为将在该领域下进行，BCC 语料库默认的语料领域为多领域。BCC 语料库在线网站首页界面如图 8-1 所示。

图 8-1　BCC 语料库在线网站首页界面

2. 检索式查询

确定语料领域后，用户可在输入框中输入检索式进行检索，通过使用 BCC 交互式查询语言来书写在线网站上的检索式，可以实现字符串检索、属性检索、组合检索、条件检索等功能。其中，字符串检索通过输入词、短语、单句等语言单元来获取实际使用情况；属性检索可以在输入框中输入词性标记的英文简称，例如，名词 n，动词 v 等，查询由这些属性符号代表的语言单元实例；组合检索通过在检索式中组合不同的检索要素，从而满足更复杂的基础检索需求；条件检索通过在检索式中加入约束条件，实现更精准的基础检索。

以多领域语料下的"打扫 n"检索为例，在输入框中输入检索式"打扫 n"。多领域语料下的"打扫 n"检索界面如图 8-2 所示。

图 8-2　多领域语料下的"打扫 n"检索界面

单击图 8-2 所示的搜索按钮之后，页面就会返回检索式的检索结果和所在语料的上下文，并用加粗的形式标注检索结果，例如，"打扫房间"。"打扫 n"

检索返回的检索结果界面如图 8-3 所示。

"事情是从一勺咖啡引起的,仅仅就是那么一小勺咖啡。服务员小A **打扫客房** 时,将B国客人的咖啡挖出了那么一小勺,让几个伙伴们品尝。他们好

屋顶上积压的粉尘过多而塌落。因此,在这里出现了一个新行业——**打扫屋顶** 专业队。每个季度为居民清扫一次屋顶。在另一个城市,有些门窗玻璃

正风肃纪久久为功,在相当意义上说,也正是在破陋规、立新规。"**打扫思想** 灰尘、祛除不良习气、纠正错误言行永无止境,永远都是进行时"。

他们都是初小一、二年级的学生和幼儿园的孩子,他们担负着麦收中 **打扫战场** "的任务。生产队给他们起了个名,叫"颗粒还家团"。不过,一位

清洁卫生,工作时间是每天早晨6:30—7:30,具体工作为"**打扫走廊**、洗手间及厕所的卫生",要求"公共地面干净,无积水、无积灰

图 8-3 "打扫 n"检索返回的检索结果界面

8.2.2 结果处理

8.2.1 节中的基本检索操作可以满足大部分的语料查询需求,但如果用户对搜索结果仍有进一步处理的需要,BCC 语料库在线网站还提供了全文、统计、筛选、下载、高级 5 种基于检索结果的功能按钮,支持用户对结果进行更深入的操作。基于检索结果的功能按钮界面如图 8-4 所示。

搜索: 打扫n;

高级设置: 上下文显示方式: 按上下文字数显示; 结果显示顺序: 顺序显示

统计	筛选	下载	高级
1 全文			动时间增加。哈佛大学一项研究将酒店员工分为两组,一组被告知" **打扫房间** 是
2 全文			座如何扭转厄运?双子座(日行一善); 巨蟹座(休息); 射手座(**打扫房间**)
3 全文			童鞋, 有食欲吗? 双子座(日行一善); 巨蟹座(休息); 射手座(**打扫房间**)

图 8-4 基于检索结果的功能按钮界面

1. 全文

BCC 语料库在线网站结果页面的全文显示功能能够为结果实例提供更多上下文与出处等信息。单击结果行左侧的"全文"选项可以查看每条实例所在的上下文及出处。

单击图 8-4 中页面对应第一条检索结果——"哈佛大学一项研究将酒店员工分为两组,一组被告知打扫房间 ......"左侧的"全文"选项,在新的弹窗中可以看到该实例所在的篇章一级的上下文; 同时还返回了该实例的语料来源是微博。"打扫 n"的全文显示功能界面示例如图 8-5 所示。

微博

年北京市学生阳光体育展示大会暨全国青年迎青奥北京长跑活动和第五届北京市学生阳光体育冬季长跑活动启动仪式举行。会上，来自首都体育学院和海淀区21所中小学校……
哈佛大学一项研究将酒店员工分为两组，一组被告知"**打扫房间**"是陈老太:户外锻炼的好处实在是不胜枚举，**例如**，可以融入大自然、呼吸新鲜空气、出入方便

关闭

图 8-5　"打扫 n"的全文显示功能界面示例

2. 统计

统计功能，即统计每条检索实例在语料库中的频次分布情况。单击结果页面左上方的"统计"选项，BCC 语料库在线网站将会以不包含上下文的实例形式将检索式的统计结果返回到统计结果页面，包括不同结果实例的总个数、每条实例的内容及其频次信息。例如，"打扫 n"在多领域中的检索结果共有 454个不同的实例，出现频率最高的实例是"打扫房间"。"打扫 n"在多领域中的检索结果统计如图 8-6 所示。

共 454 个结果

下载　　　　　　　　　　　　　　　　　　　　　　　　　首页　上页　下页　末页

打扫房间	526	打扫屋子	133
打扫战场	102	打扫厕所	93
打扫房子	87	打扫环境卫生	82
打扫教室	54	打扫院子	50
打扫宿舍	45	打扫街道	44
打扫庭院	44	打扫环境	38
打扫寝室	28	打扫房屋	25
打扫办公室	25	打扫厨房	18
打扫家	18	打扫楼道	16
打扫卫生	16	打扫垃圾	16

图 8-6　"打扫 n"在多领域中的检索结果统计

3. 筛选

"筛选"选项提供二次检索的功能，即在现有的返回结果中保留或者剔除符合检索式的语料实例，得到二次查询的结果。筛选时检索式的书写规则与 BCC 语料库基础检索式一致。单击结果页面左上角的"筛选"选项，弹出二次检索页

面，可供用户输入二次检索的检索式，输入"打扫房间"，然后选择"保留"选项，只保留"打扫房间"的实例，或使用"排除"功能，剔除"打扫房间"的结果实例。二次检索页面如图 8-7 所示。

图 8-7　二次检索页面

4．下载

BCC 语料库在线网站提供了下载结果的功能，支持用户将检索结果下载保存在本地，以便对检索结果进行观察、处理和分析。目前，BCC 语料库在线网站允许普通用户下载最多 10000 条结果实例，单击"点击下载"选项，即可完成结果下载。下载结果的功能界面如图 8-8 所示。

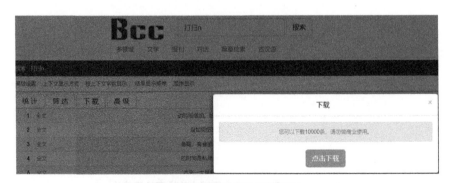

图 8-8　下载结果的功能界面

5．高级

BCC 语料库在线网站检索结果页的"高级"功能选项，用于设置返回结果的显示形式，包括上下文显示方式设置，即按指定的字符个数显示上下文，或按照标点句形式显示，或按照结果显示顺序设置，即顺序显示，或随机显示。
检索结果页的"高级"功能界面如图 8-9 所示。

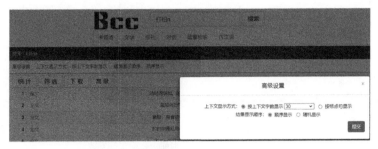

图 8-9 检索结果页的"高级"功能界面

8.3 历时检索

针对历时研究，BCC 语料库在线网站提供了历时检索的功能。历时检索第
一代系统于 2012 年上线，使用的语料来自 1946 年到 2012 年的《人民日报》；
历时检索第二代系统于 2015 年上线，语料更新至 2015 年。历时检索按其检索
式数量的不同分为单检索式模式和双检索式对比模式。

8.3.1 单检索式模式

在单检索式模式下，输入一个检索式，检索统计结果以年为单位，默
认以柱状图的方式呈现。结果呈现方式可以在结果图形的右上方进行切换，
有柱状图、折线图和数据视图 3 种形式可供选择，也可以直接单击"下
载"选项，保存检索结果统计图。以图形方式显示时，默认以频次为纵轴，
以年份为横轴，也可根据自身研究需要，单击"切换频率图"将纵轴转换
为频率。

"改革"的历时检索结果界面如图 8-10 所示。1992 年"改革"的实例结
果界面如图 8-11 所示。在图 8-10 中，柱状图中的每个柱形都代表某一年内"改
革"的统计频次，单击柱形可以跳转至该年的实例结果页面。例如，单击 1992
年的柱形，将跳转至图 8-11 所示的 1992 年"改革"的实例结果页面。

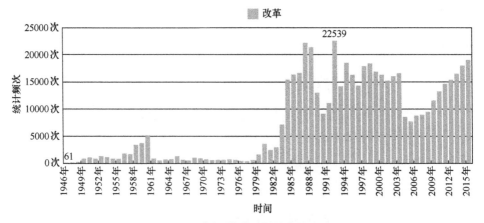

图 8-10 "改革"的历时检索结果界面

图 8-11 1992 年"改革"的实例结果界面

8.3.2 双检索式对比模式

单击历时检索频道下检索输入框右侧的"对比"选项,进入双检索式对比模式,该模式可支持输入两个检索表达式,返回两个检索式历年出现频次的对比结果。历时检索频道下"对比"功能界面如图 8-12 所示。

图 8-12 历时检索频道下"对比"功能界面

历时对比检索"非常"和"特别"的频次对比如图 8-13 所示。以"非常"和"特别"的历时对比检索为例，柱状图会以两种不同颜色的柱形来显示两个检索式的统计结果。同样，用户可以单击柱状，检索页面就会跳转至对应年份的实例结果页面。

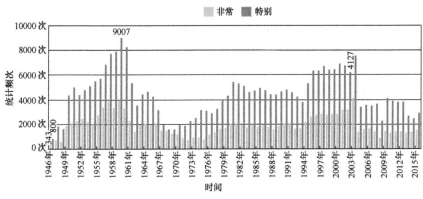

图 8-13　历时对比检索"非常"和"特别"的频次对比

8.4　对比检索

历时检索中提到的双检索式对比模式，检索结果以时间和统计频次（频率）为轴，展现两个词语之间历时使用情况的对比。与此对应，BCC 语料库在线网站还提供了共时语料下的对比检索功能，选定除了"历时检索"的任意一个语料频道，单击输入框右侧的"对比"选项，即可进入该功能页面。对比检索可以支持在单一语料来源下两个检索式的对比检索，也可以支持在两个语料来源下同一个检索式的对比检索，本小节仍以使用的检索式数量为参照，进一步说明对比检索的两种模式：单检索式模式和双检索式模式。

8.4.1　单检索式模式

单检索式模式是指使用同一个检索式在两个不同的语料来源下进行对比检索，用以考察同一语言现象在不同语料领域中的使用情况，BCC 语料库在线网站共提供了多种语料领域供用户选择（多领域、文学、报刊、对话、篇章检索、古汉语等）。"可爱的 n"在文学与报刊语料中的对比结果如图 8-14 所示。"可爱的孩子"的上下文实例结果界面如图 8-15 所示。以"可爱的 n"在文学与报刊两个语料来源中的对比研究为例，图 8-14 是返回结果界面，单检索式模式的对比结果默认以词云方式展示，也可以在词云的左上角切换至列表显示或柱形图显示。将鼠标移至词云的实例上方可以显示该实例的频次信息，单击该实例可以跳转至该实例的上下文结果界面。例如，单击图 8-14 中的"可爱的孩子"，将跳转至图 8-15 所示的上下文实例结果界面。

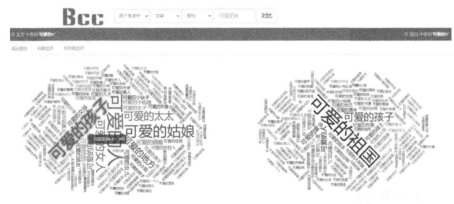

图 8-14　"可爱的 n"在文学与报刊语料中的对比结果

图 8-15　"可爱的孩子"的上下文实例结果界面

8.4.2　双检索式模式

双检索式模式是指在同一个语料来源下对两个检索式进行对比检索，该模式是默认的对比检索方式。"可爱的 n"和"帅气的 n"的对比检索结果如图 8-16 所示。以两个检索式"可爱的 n"和"帅气的 n"的对比检索为例，在输入框中分别输入两个检索式，检索其在"多领域"语料下的使用情况，对比结果默认也是以词云方式展示，另外，还有列表显示形式可供用户选择。

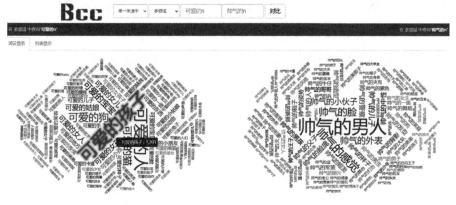

图 8-16　"可爱的 n" 和 "帅气的 n" 的对比检索结果

8.5　自选范围检索

除了可以选定任意一个语料频道直接进行检索，也可以在"自定义"频道下，自选语料范围进行检索。该功能可以支持用户深入某一领域语料内部，选择更为精确的语料范围进行纵深检索。"自定义"频道页面如图 8-17 所示。

图 8-17　"自定义"频道页面

"自定义"频道页面有两个输入框：页面上方的输入框为检索式输入框；页面下方的输入框为语料范围输入框。用户可以在页面下方的输入框中输入子语料范围的名称，将检索范围限定在指定的语料区间内，BCC 语料库在线网站可供选择的子语料范围名称，可以在自选范围检索页面下方的语料目录名称处查看。

选定语料范围后，即可在页面上方的检索式输入框中输入检索表达式，实现限定语料范围查询。例如，如果要查询"祥子 v"在《骆驼祥子》一书中的使用情况，只须在语料选择输入框中输入"骆驼祥子"，单击"搜索"选项，BCC 语料库即可自动定位到《骆驼祥子》一书所在的语料区间，之后的检索行为就被限定在该子区间内了。用户完成检索后，如果需要切换至其他语料区间，则可单击绿色的"**重置搜索**"选项，返回初始页面重新选择语料范围。子语料范围名称选择示例如图 8-18 所示。

图 8-18　子语料范围名称选择示例

需要注意的是，如果用户没有选定语料范围，则单击"搜索"选项后，页面将弹出"Be right back"，即马上回来的提示。

8.6　词典

8.6.1　简介

为了跟上语料库词典学的研究趋势，BCC 语料库在线网站服务结合大规模语料数据，利用可视化技术多方面呈现词典信息。BCC 语料库词典以《现代汉语词典》（第 5 版）为母本，对《现代汉语词典》（第 5 版）资源进行采集和整理，并抽取数据入库，共获得 8310 条字条目、55878 条词条目和 92793 条多义词义项；同时利用 BCC 语料库对《现代汉语词典》（第 5 版）中的字、词条目及拼音、笔画、部件信息进行了统计。

BCC 语料库词典界面如图 8-19 所示。单击 BCC 语料库官网左上方的"词典"选项，进入 BCC 语料库词典界面。该词典首页有 4 个整体统计分布图：汉字、拼音、笔画、部件。其中，"汉字"选项下是所有汉字字频信息图；"拼音"选项下是所有音节频次统计信息图；"笔画"选项下是汉字笔画数语料统计信息图；"部件"下是汉字部件语料统计信息图。词典页面的检索输入框下方提供有搜索方法的简易说明，具体操作方法将在下文中详细介绍。

图 8-19　BCC 语料库词典界面

1. 所有汉字字频信息图

所有汉字在 BCC 语料库中的字频信息如图 8-20 所示。图 8-20 中的默认显示方式是柱状图，内容以 20 个汉字为一页，并且按照汉字在语料库中出现的频率降序排列。在柱状图的右上方可以切换显示方式，用户可以选择数据视图或折线图显示，也可以选择直接下载。

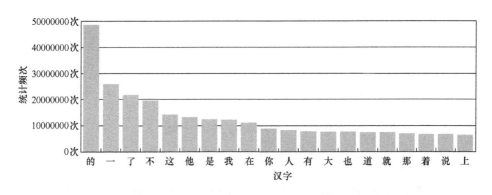

图 8-20　所有汉字在 BCC 语料库中的字频信息

2. 所有音节频次统计信息图

所有音节在 BCC 语料库中的频次统计信息如图 8-21 所示，以数字"1 ～ 5"

来表示声调，具体规定是：阴平调标为 1，阳平调标为 2，上声调标为 3，去声调标为 4，轻声标为 5。例如，"bu3"代表的就是"bǔ"。

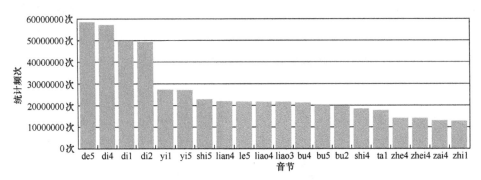

图 8-21　所有音节在 BCC 语料库中的频次统计信息

3．汉字笔画数语料统计信息图

汉字笔画数语料统计信息如图 8-22 所示，以 20 个笔画数为一页进行展示，从左往右按频次递减排列，坐标中的数字表示的是笔画数，例如，"06"代表的是笔画数为 6 的汉字。

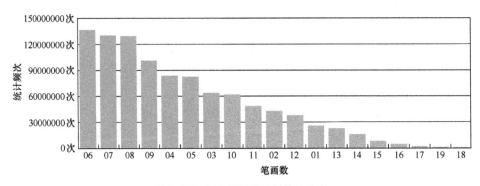

图 8-22　汉字笔画数语料统计信息

4．汉字部件语料统计信息图

汉字部件语料统计信息图示例如图 8-23 所示。该图展示了《现代汉语词典》（第 5 版）汉字部件语料统计信息，图 8-23 横坐标上的部件代表以其为本字或充当部件的字。例如，部件"目"中的语料包含了单字"目"，以"目"为偏旁部首的字及包含"目"部件的字。

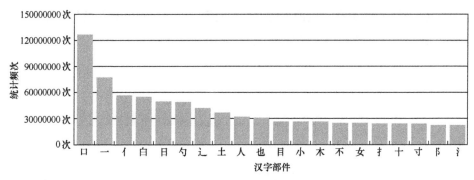

图 8-23　汉字部件语料统计信息图示例

8.6.2　查询方式

BCC 语料库在线网站提供的词典查询方式有两种：一种是按字查询，另一种是按拼音查询。

1. 按字查询

按字查询即在检索输入框内输入汉字进行查询，也可以输入词查询。

例如，输入汉字"好"进行查询，BCC 语料库在线网站会返回所有含有"好"的词典条目及其频率的柱状图。其中，含有"好"的词典条目包括单字"好"与由"好"组成的词语，例如，"好像""只好"等。在返回的柱状图中，每个柱形表示一个条目的频次信息，单击一个柱形区域，即可跳转至该条目的词典释义页面。同样，在折线图展示形式下也可以实现这样的跳转操作。汉字"好"的词典查询结果如图 8-24 所示。

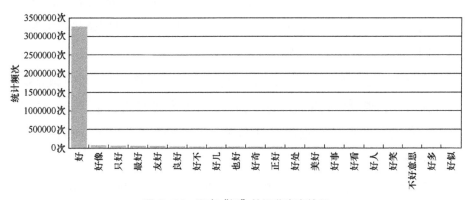

图 8-24　汉字"好"的词典查询结果

汉字"好"的词典释义页面如图 8-25 所示。例如，单击图 8-24 中条目"好"矩形区域，跳转至图 8-25 所示的"好"的词典释义页面。

图 8-25　汉字"好"的词典释义页面

需要注意一些特殊情况，当查询输入的是双音节词时，例如"友好"，或是一些单音节词，例如，语气词"啊"，又或是一些生僻不太常用的单字，例如，"肦"，则有可能只会返回一个字典条目，表示该查询项不构成其他词语。

2. 按拼音查询

按拼音查询，即在输入框内输入拼音进行查询，BCC 语料库在线网站会返回对应的查询结果。其中，返回的结果与查询对象的指向范围是包含关系，即检索得到的结果包含所输入的拼音内容。

按拼音查询时，首先需要明确输入的拼音后面是否需要加表示声调的数字。加或不加数字，得到的结果是有区别的。BCC 语料库借用数字"1 ~ 5"来表示汉语的声调，在拼音后面加数字相当于对拼音声调进行限制，得到的结果也会更加精确。

拼音"tan"在词典的查询结果如图 8-26 所示，输入拼音"tan"查询，返回拼音中含有"tan"的词典条目及其频率，共有 646 条结果。其中，这些查询结果既包含了"谈（tan2）""叹（tan4）"这样的单字，也有"谈话（tan2 hua4）""谈判（tan2 pan4）"这样的词语，另外，还包括"唐（tang2）"这类拼音中包含了"tan"的字或词语。

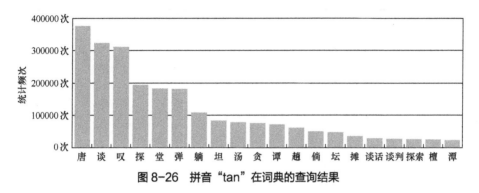

图 8-26　拼音"tan"在词典的查询结果

当对查询拼音"tan"加以声调限制时，阳平调的"tan"，即输入"tan2"查询，BCC 语料库在线网站将只返回以"tan2"为拼音的词典条目。同样，结果中既包含了"谈（tan2）"这样的单字，也有"谈话（tan2 hua4）"这样的词语。"tan2"的词典查询结果如图 8-27 所示。

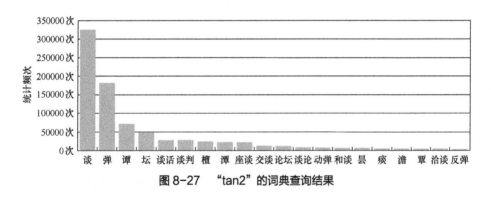

图 8-27　"tan2"的词典查询结果

需要明确的是，两种词典查询方式只是查询输入上的差异，返回内容均是基于词典的条目统计结果，按字检索方便用户进行构词研究，按拼音检索则可以方便用户进行模糊查询。

8.6.3　查询结果

针对词典查询的返回结果，用户可采取进一步搜索以获取更为详细的条目信息，包括"词典释义""搭配拓展""义项频率"3 个部分。

汉字"的"的词典释义页面如图 8-28 所示。以汉字"的"的词典查询结果柱形图为例，单击条目汉字"的"的矩形区域，跳转至汉字"的"的词典释义页面，在词典释义页面的左上方，可切换至汉字"的"的搭配扩展页面或义项频率页面。

图 8-28　汉字"的"的词典释义页面

1. 词典释义

词典释义是指对应的字或词在《现代汉语词典》（第 5 版）中的解释，具体包括了字形、读音、词性、意义及例句等。

（1）排列顺序

词典释义项的排列顺序先按英文字母序排序，当拼音完全相同时，再按声调序排序，声调的前后顺序按声调的表示数字"1 ~ 5"排序。以汉字"的"为例，"红的（de5）"和"的（di2）确"，二者首字母相同，第二个字母"e"在"i"前面，因此，"红的（de5）"在前，"的（di2）确"在后。"目的（di4）"的拼音与"的（di2）确"相同，比较声调的顺序，因此，"的（di2）确"在前，"目的（di4）"在后。

（2）特殊符号

词典释义中使用了一些特殊符号和简称，特殊符号和简称的说明见表 8-1。

表 8-1　特殊符号和简称的说明

特殊符号	特殊符号代表的含义	特殊符号	特殊符号代表的含义
【 】	检索的字或词	//	注销符，需要和前面的字或词连接使用
[ ]	检索的字或词的读音	a)	用在释义中，对释义进行分类
{＿}	词性	u	语言使用的相关注意点，前面有"注意"二字
| |	双竖线之间列举词、短语或句子	l	该字在此处应读轻声
（ ）	释义中使用是对释义进行补充说明；用在 {＿} 后标注读音	【1】【2】	词典释义分类
<方><书><口>	表示是方言用语、口语、书面语	~	表示输入内容

（3）上下文检索

词典释义页面中的例词和例句均可单击以查阅该实例在 BCC 语料库中的实际使用情况，在图 8-29 中单击"无～放矢"，页面跳转至图 8-30 中的检索结果页面，"无～放矢"在 BCC 语料库中的检索结果页面如图 8-30 所示。

【的】　[dì]

1. 箭靶的中心：｜目～｜无～放矢｜众矢之～｜

图 8-29　"的"在词典中的部分释义

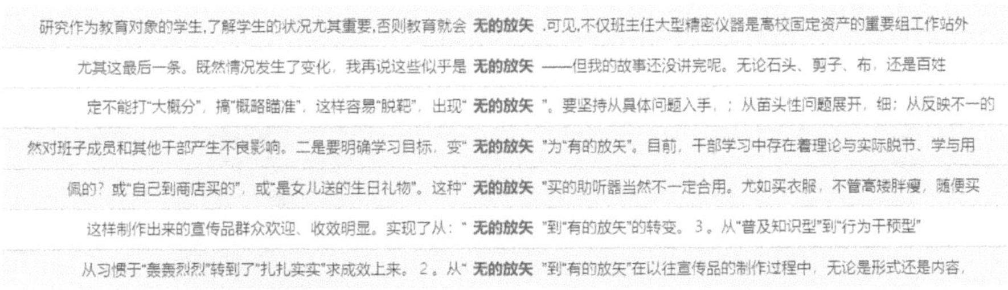

研究作为教育对象的学生，了解学生的状况尤其重要，否则教育就会 **无的放矢**，可见，不仅班主任大型精密仪器是高校固定资产的重要组工作站外

尤其这最后一条，既然情况发生了变化，我再说这些似乎是 **无的放矢** ——但我的故事还没讲完呢，无论石头、剪子、布，还是百姓

定不能打"大概分"，搞"概略瞄准"，这样容易"脱靶"，出现" **无的放矢** "，要坚持从具体问题入手；从苗头性问题展开，细：从反映不一的

然对班子成员和其他干部产生不良影响。二是要明确学习目标，变" **无的放矢** "为"有的放矢"。目前，干部学习中存在着理论与实际脱节、学与用

佩的？或自己到商店买的"，或"是女儿送的生日礼物"。这种" **无的放矢** "买的助听器当然不一定合用。尤如买衣服，不管高矮胖瘦，随便买

这样制作出来的宣传品群众欢迎、收效明显，实现了从：" **无的放矢** "到"有的放矢"的转变。3．从"普及和识型"到"行为干预型"

从习惯于"轰轰烈烈"转到了"扎扎实实"求成效上来。2．从" **无的放矢** "到"有的放矢"在以往宣传品的制作过程中，无论形式还是内容，

图 8-30　"无～放矢"在 BCC 语料库中的检索结果页面

2. 搭配拓展

搭配拓展的页面展示的是对应条目在 BCC 语料库中检索得到的"左邻词"

或"右邻词"的统计结果。其中,"左邻词"是指在所查询词的左侧紧邻出现的词,"左邻词"又按词性分为"左邻名词""左邻形容词""左邻动词"。"右邻词"则是指在所查询词的右侧紧邻出现的词。条目"的"左邻词的统计结果如图 8-31 所示。

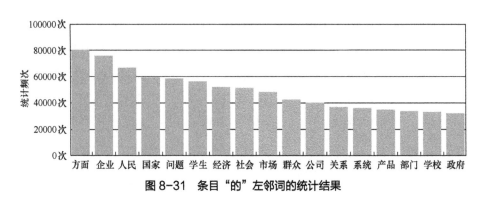

图 8-31　条目"的"左邻词的统计结果

3. 义项频率

义项频率的页面展示的是对应条目的义项及其在 BCC 语料库中的频率分布。其中,义项是词的理性意义的分项说明。《现代汉语词典》(第 5 版)给义项下的定义:字典、词典里按照意义于同一条目中列出的项目。该页面的左侧给出了该词语的所有义项解释,右侧默认以饼状图的方式展示该词所有义项的频率分布,也可用在页面右上方切换至其他显示形式。义项频率页界面如图 8-32 所示。

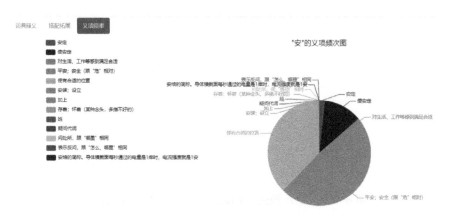

图 8-32　义项频率页界面

需要注意的隐藏功能是,单击图 8-32 中的饼状图左上方的义项解释的任一个，该义项解释行就会变成灰色，饼状图中相应的部分会随之消失；其余部分面积会得到扩充，百分比也会随之改变，该功能相当于可以供用户手动选择参与比较的义项。用户再次单击该义项解释行，即可恢复成之前的颜色，饼状图也会随之恢复。义项频率页面的隐藏功能示例如图 8-33 所示。

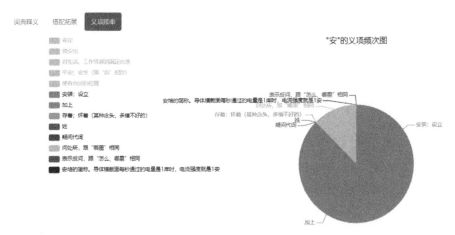

图 8-33　义项频率页面的隐藏功能示例

本章详细介绍了 BCC 语料库在线网站提供的功能，首先是基础检索，介绍了基础检索的基本步骤和检索结果的 4 种处理方式。本章然后介绍了基于历年《人民日报》语料的历时检索，及历时检索下的两种检索模式。其中，双检索式模式也是历时检索下的对比检索，能够实现两个检索式在历时语料中检索对比研究。最后，本章介绍了服务于共时研究的对比检索及其两种检索模式。其中，单检索式模式用以比较同一个检索式在不同语料来源下的使用情况；双检索式模式用以对比两个检索式在同一个语料来源下的使用情况。另外，为了满足用户对语料库词典学的使用需求，BCC 语料库基于《现代汉语词典》(第 5 版)和语料大数据，提供了能够利用字或词，以及拼音查询的词典功能。

参考文献

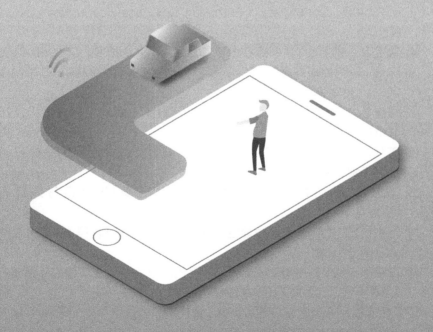

[1] Juhani Luotolahti, Jenna Kanerva, and Filip Ginter. 2017. Dep_ search: Efficient Search Tool for Large Dependency Parsebanks. In Proceedings of the 21st Nordic Conference on Computational Linguistics, pages 255-258, Gothenburg, Sweden. Association for Computational Linguistics.

[2] Markus Gärtner, Gregor Thiele, Wolfgang Seeker, Anders Björkelund, and Jonas Kuhn. 2013. ICARUS – An Extensible Graphical Search Tool for Dependency Treebanks. In Proceedings of the 51st Annual Meeting of the Association for Computational Linguistics: System Demonstrations, pages 55-60, Sofia, Bulgaria. Association for Computational Linguistics.

[3] Roger Levy and Galen Andrew. 2006. Tregex and Tsurgeon: tools for querying and manipulating tree data structures. In Proceedings of the Fifth International Conference on Language Resources and Evaluation (LREC'06), Genoa, Italy. European Language Resources Association (ELRA).

[4] 常宝宝, 俞士汶. 语料库技术及其应用 [J]. 外语研究, 2009(5):43-51.

[5] 陈钊. 国内外语料库语言学发展研究概述 [J]. 辽宁教育行政学院学报, 2021, 38(3):83-87.

[6] 程南昌, 侯敏. 平行语料检索技术研究 [J]. 计算机工程与应用, 2012, 48(31):134-139.

[7] 丁凡, 王斌, 白硕, 等. 文档检索中句法信息的有效利用研究 [J]. 中文信息学报, 2008 (4):66-74.

[8] 冯志伟. 从语料库中挖掘知识和抽取信息 [J]. 外语与外语教学, 2010(4):1-7.

[9] 冯志伟. 自然语言处理中理性主义和经验主义的利弊得失 [J]. 长江学术, 2007(2):79-85.

[10] 高松, 颜伟, 刘海涛. 基于树库的现代汉语动词句法功能的计量研究 [J]. 汉语学习, 2010(5):105-112.

[11] 桂诗春, 冯志伟, 杨惠中, 等. 语料库语言学与中国外语教学 [J]. 现代外语, 2010, 33 (4):419-426.

[12] 何常丽 . 语料库语言学研究综述 [J]. 复旦外国语言文学论丛，
2008(1):140–144.

[13] 贺胜, 卢亚军 . 面向大规模语料库的全文检索系统研究 [J]. 图书与情报，
2008(4):93–97.

[14] 胡德华, 种乐熹, 邱均平, 等 . 国内外知识检索研究的进展与趋势 [J].
图书情报知识，2015(3):93–106.

[15] 黄水清，王东波 . 国内语料库研究综述 [J]. 信息资源管理学报，
2021,11(3):4–17.

[16] 黄水清，王东波 . 新时代人民日报分词语料库构建、性能及应用
（一）——语料库构建及测评 [J]. 图书情报工作，2019，63(22):5–12.

[17] 靳光瑾, 肖航, 富丽, 等 . 现代汉语语料库建设及深加工 [J]. 语言文
字应用，2005(2):111–120.

[18] 靖培栋，宋雯斐 . 全文检索单元词索引技术研究 [J]. 情报理论与实践，
2006(1):118–121.

[19] 靖培栋，宋雯斐 . 中文全文检索系统截词检索的实现研究 [J]. 情报科学，
2006(6): 884–887.

[20] 李德鹏, 窦建民 . 我国语言资源保护与开发利用研究述评(1981 ~ 2016)
[J]. 云南师范大学学报 (对外汉语教学与研究版)，2017，15(6):44–60.

[21] 李菲 . 国内语料库语言学研究综述 [J]. 周口师范学院学报，
2006(3):98–100.

[22] 梁茂成 . 大数据时代的语料库语言学研究探索 [J]. 中国外语，2021，
18(1):13–14.

[23] 梁茂成 . 理性主义、经验主义与语料库语言学 [J]. 中国外语，2010，
7(4):90–97.

[24] 梁茂成 . 梁茂成谈语料库语言学与计算机技术 [J]. 语料库语言学，
2015，2(2):15–25.

[25] 梁燕，冯友，程良坤 . 近十年我国语料库实证研究综述 [J]. 解放军外国
语学院学报，2004(6):50–54.

[26] 刘华 . 全球华语语料库建设及功能研究 [J]. 江汉学术，2020，
39(1):46–52.

[27] 卢露，矫红岩，李梦，等 . 基于篇章的汉语句法结构树库构建 [J/OL].
自动化学报 :1–12[2022–04–28].

[28] 马路遥，夏博，肖叶，等 . 面向句法结构的文本检索方法研究 [J]. 电子
学报，2020，48(5):833–839.

[29] 彭刚， 刘岩 . 语料库研究与应用综述 [J]. 黑龙江科技信息，
2010(26):215.

[30] 秦洪武，王克非 . 正则表达式在汉语语料检索中的应用 [J]. 外国语文，2013，29(6):74-79.

[31] 邱冰 . 面向中文语料库的模式检索研究 [J]. 微计算机信息，2012，28(7):3-5.

[32] 宋红波，王雪利 . 近十年国内语料库语言学研究综述 [J]. 山东外语教学，2013，34(3):41-47.

[33] 屠可伟，李俊 . 句法分析前沿动态综述 [J]. 中文信息学报，2020，34(7):30-41.

[34] 王先传，彭亮，郭伟，等 . 基于语料库的事件知识图谱构建与应用 [J]. 阜阳师范大学学报 (自然科学版)，2020，37(4):56-60.

[35] 王艳伟 . 语料库语言学及语言科技发展国际会议综述 [J]. 外语教育，2019(1):5.

[36] 魏善德，郑家恒 . 汉语句法树库检索系统的设计与实现 [J]. 电脑开发与应用，2006(11):12-14.

[37] 文榕生 . 检索语言的类型与关系 [J]. 图书馆，2002(1):40-42.

[38] 翁莉佳 . 国内外汉语语料库建设发展概述 [J]. 海外英语，2012(3):270-271.

[39] 熊文新 .Web、语料库与双语平行语料库的建设 [J]. 图书情报工作，2013，57(10): 128-135.

[40] 许素辉 . 论语料库在语法研究中的作用及局限 [J]. 安徽文学 (下半月)，2013(10): 138-139.

[41] 荀恩东，饶高琦，肖晓悦，等 . 大数据背景下 BCC 语料库的研制 [J]. 语料库语言学，2016，3(1):93-109.

[42] 余阳 . 浅谈语料库应用的几个方面 [J]. 科技信息，2009(16):118.

[43] 余一骄，刘芹 . 大规模中文语料库检索技术研究 [J]. 计算机科学，2015，42(2):217-223.

[44] 詹卫东，郭锐，常宝宝，等 . 北京大学 CCL 语料库的研制 [J]. 语料库语言学，2019，6(1):71-86.

[45] 张国煊 . 汉语语料库加工技术 [J]. 杭州电子工业学院学报，1996(1):32-37.

[46] 张敏，罗振声 . 语料库与知识获取模型 [J]. 中文信息学报，1994(1):15-24.

[47] 张琪玉 . 论索引项 [J]. 图书馆杂志，1994(5):9-11.

[48] 张泉 . 信息检索中索引项权重的研究 [J]. 科技广场，2008(1):38-39.

[49] 张新杰 . 国内语料库语言学研究：回顾与展望——基于核心期刊 24 年文献的统计分析 [J]. 西安外国语大学学报，2017，25(2):36-41.

[50] 郑仲光. 面向语言学研究的大规模汉语语料库全文检索技术与开发 [D]. 北京: 北京语言大学，2009.

[51] 周强，张伟，俞士汶. 汉语树库的构建 [J]. 中文信息学报，1997(4):43–52.

[52] 周忠浩. 国内自建多模态语料库的标注和检索方式述评 [J]. 考试与评价（大学英语教研版），2020(2):123–125.